A PRACTICAL GUIDE TO
WILDLIFE RESCUE

野生动物救护实用手册

中国野生动物保护协会野生动物救护委员会
广东省野生动物监测救护中心 编著
湖北省野生动物救护研究开发中心

广东省地图出版社

·广州·

图书在版编目（CIP）数据

野生动物救护实用手册 / 中国野生动物保护协会野生动物救护委员会，广东省野生动物监测救护中心，湖北省野生动物救护研究开发中心编著. —广州：广东省地图出版社，2023.5

ISBN 978-7-80721-890-6

Ⅰ. ①野… Ⅱ. ①中… ②广… ③湖… Ⅲ. ①野生动物—动物保护—手册 Ⅳ. ① S863-62

中国国家版本馆 CIP 数据核字（2023）第 049154 号

策划编辑：杨　芳
责任编辑：黄绮玲　杨　芳　王喜再
责任校对：蒋美秀　陶雪红
排版设计：古若琪

野生动物救护实用手册
Yesheng Dongwu Jiuhu Shiyong Shouce

中国野生动物保护协会野生动物救护委员会　广东省野生动物监测救护中心
湖北省野生动物救护研究开发中心　编著

出 版 人	李希希		
出版发行	广东省地图出版社	电　　话	020-87768354（发行部）
地　　址	广州市水荫路 35 号		020-87768880
邮　　编	510075	印　　刷	珠海市豪迈实业有限公司
开　　本	787 毫米 ×1092 毫米　1/16	字　　数	200 千字
印　　张	13	版　　次	2023 年 5 月第 1 版
书　　号	ISBN 978-7-80721-890-6	印　　次	2023 年 5 月第 1 次印刷
定　　价	78.00 元		

网　　址　http://www.gdmappress.com

本书如有印装质量问题，请与我社发行部联系调换。

版权（含信息网络传播权）所有　侵权必究

编审委员会

主　任：王晓婷　纪建伟　梁晓东
副主任：王志广　石道良　李　勇
委　员（按姓氏笔画排序）：
　　　　刘存发　江　志　杜连海　汪志如　袁道福　柴云潮
　　　　梅岩良　崔　岩　盖立新　阙腾程　廖宏俊　谭　琳

编写委员会

主　编：田恒玖　侯方晖　杨国祥　梦　梦
副主编：毛颖津　陈　婧　蒋　健　徐锦前
编　委（按姓氏笔画排序）：
　　　　马联平　幺旻珺　王　可　王　伦　王　姣　王　鹤　王冰洋
　　　　王伯君　王海军　王睿哲　韦　晓　尹玉涵　邓大军　邓龙强
　　　　布日古德　冯　伟　兰家宇　吕春贺　朱兆泉　伦明宇　刘　洋
　　　　刘　燕　刘莉娜　刘醴君　汤　佳　孙　琪　孙红斌　孙翔楠
　　　　李　义　李　林　李　晶　李素萍　杨光大　肖　欣　肖邦勇
　　　　肖嘉杰　吴坚宝　何　武　谷佳俊　邹洁建　况绍祥　汪明权
　　　　沈延京　张　旭　张　楠　张安琪　张国锋　张学东　陈　丹
　　　　陈　光　陈　芳　陈　武　陈金良　陈路漫　邵文斌　图　雅
　　　　庞　卓　郑立群　郑和松　赵新元　钟　浩　段明新　侯小庆
　　　　顾　娟　徐　钰　徐　铮　郭嘉兴　黄万和　梅　隐　韩小雪
　　　　奥丹珠拉　曾志燎　解林红　颜　军　魏　斌

编者按
PREFACE

野生动物保护，功在当代，利在千秋。党的二十大报告提出，中国式现代化是人与自然和谐共生的现代化。野生动物保护是"人与自然和谐共生"的重要支撑。野生动物救护是生物多样性的"保护要事"，是各级野生动物行政主管部门的法定职责，也是野生动物救护机构的主要职责。

1989年，《中华人民共和国野生动物保护法》开始实施。1991年，我国成立首批野生动物救护机构。多年来，我国以野生动物救护站为基础，并广泛依托动物园、野生动物园、宠物医院、野生动物饲养场等，积极开展野生动物救护工作，初步建成了较为完整的野生动物救护网络体系。同时，随着我国生态文明建设不断推进，社会各界保护野生动物的意识不断增强，对野生动物救护更加关注关心，积极主动参与野生动物救护的热情与日俱增。当前，野生动物救护机构承担着野生动物收容救护放归的职责，工作内容更加丰富多元化，特别是在开展公共舆论引导与公众科普教育方面，已经成为野生动物保护宣传的重要前沿阵地。

为普及野生动物救护知识，提高救护人员专业技能，提升野生动物救护技术水平，中国野生动物保护协会野生动物救护委员会联合广东省野生动物监测救护中心、湖北省野生动物救护研究开发中心编写了《野生动物救护实用手册》。本书共有六章，分别为救护概述、鸟类救护、兽类救护、两栖爬行类救护、常见疾病及治疗、笼舍环境及丰容，通过对前期准备、收容救护、康复饲养、野外放归等流程的介绍，进一步详细阐述野生动物救护工作。本书的编写成员多数来自野生动物救护一线，他们通过不断实践归纳总结出野生动物救护经验。本书内容翔实、丰富、可操作性强，以期为指导野生动物救护实践以及公众科普提供一本实用工具书。

由于时间仓促，水平有限，疏误之处在所难免，欢迎读者朋友们批评指正！

编委会

2023年3月

目 录
CONTENTS

第一章　救护概述 ································ 1
- 一、野生动物救护的概念 ······················· 1
- 二、野生动物救护的目的与意义 ··············· 1
- 三、野生动物救护机构遵循的基本原则 ········ 1
- 四、野生动物救护人员的道德准则 ············· 2
- 五、野生动物救护的基本条件 ·················· 2
- 六、野生动物救护的一般程序 ·················· 5

第二章　鸟类救护 ································ 13
- 一、鸟类识别 ···································· 13
- 二、捕捉运输 ···································· 16
- 三、临时安置 ···································· 22
- 四、检查治疗 ···································· 24
- 五、检疫隔离 ···································· 32
- 六、康复饲养 ···································· 33
- 七、野外放归 ···································· 35
- 八、放归监测 ···································· 36
- 九、鸟类救护注意事项 ························· 37

第三章　兽类救护 ········· 42

一、兽类识别 ········· 42

二、捕捉运输 ········· 43

三、初步检查 ········· 45

四、检疫隔离 ········· 46

五、食物饮水要求 ········· 46

六、饲养康复笼舍要求 ········· 46

七、康复评估与放归野外 ········· 47

八、放归管理 ········· 48

九、兽类救护注意事项 ········· 50

第四章　两栖爬行类救护 ········· 60

一、两栖爬行类识别 ········· 60

二、捕捉运输 ········· 61

三、初步住所 ········· 62

四、检疫隔离 ········· 63

五、饲养条件要求 ········· 64

六、食物饮水要求 ········· 64

七、康复笼舍要求 ········· 65

八、放归评估及注意事项 ········· 65

九、两栖爬行类康复后处置 ········· 65

十、两栖爬行类救护注意事项 ········· 66

第五章　常见疾病及治疗 ········· 71

一、疾病的传播途径 ········· 71

二、常见疾病检测方法 ········· 72

三、检测项目 ········· 72

四、兽类常见疾病及治疗 ………………………………… 73

　　五、鸟类常见疾病及治疗 ………………………………… 77

　　六、两栖爬行类常见疾病及治疗 ………………………… 96

第六章　笼舍环境及丰容 ……………………………………… 104

　　一、圈养动物的五项自由 ………………………………… 104

　　二、环境丰容的意义 ……………………………………… 104

　　三、环境丰容的方法和原则 ……………………………… 105

　　四、环境丰容的效果评估 ………………………………… 106

　　五、经验总结改进 ………………………………………… 106

　　六、兽类康复笼舍环境要求 ……………………………… 107

　　七、鸟类康复笼舍环境要求 ……………………………… 112

　　八、两栖爬行类康复笼舍环境要求 ……………………… 118

附录 ……………………………………………………………… 124

　　附录1　中华人民共和国野生动物保护法 ……………… 124

　　附录2　野生动物收容救护管理办法 …………………… 141

　　附录3　国家畜禽遗传资源品种名录（2021年版）［摘录］……144

　　附录4　国家重点保护野生动物名录 …………………… 146

　　附录5　救护常见野生动物图集 ………………………… 187

参考文献 ………………………………………………………… 197

第一章 救护概述

一、野生动物救护的概念

野生动物救护，是通过对伤病、体弱、迷途、受困以及被遗弃的野生动物个体，采取科学收容救护、治疗康复等措施，协助其脱离生存困境和伤病困扰，以恢复其野外生存能力并回归自然的一种法定行为。

二、野生动物救护的目的与意义

野生动物救护是野生动物保护工作的重要内容，是人类增强保护意识、关爱野生动物、改善野生动物生存环境、提高野生动物生存质量的直接体现，也是人类文明发展的重要标志。开展野生动物救护，可以使被救护对象的生命得以延续并回归自然，从而能够更好地保护野生动物资源，控制野生动物疾病发生和传播，促进野生动物科学研究、科普教育和生物多样性保护工作。

三、野生动物救护机构遵循的基本原则

（1）必须遵守有关野生动物保护和救护的法律、法规。

（2）野生动物收容救护应当遵循及时、就近、科学的原则。

（3）禁止以收容救护为名买卖野生动物及其制品。

（4）经救护人员初步鉴定，无伤病、具备野外自主生存能力的野生动物，应于适宜的自然环境中尽快放归。

（5）被救护野生动物的康复环境应尽量模拟其野外生存环境。

（6）救护野生动物属外来物种时，不得放归野外。

四、野生动物救护人员的道德准则

（1）救护人员应该通过不断学习，提高自身的救护能力和水平。

（2）救护人员必须热爱野生动物保护事业，应该本着认真负责的态度致力于野生动物救护工作，不断地提高救护管理质量。

（3）救护人员应该养成注意安全的习惯，始终遵守各项安全措施，做好自身的卫生与安全防护工作。

（4）救护人员应该充分认识自己的救护能力，必要时向有经验的兽医或其他专业人士学习请教。

（5）救护人员应该尊重行业内的其他人员，为了更好地救护要有分享合作精神。

（6）救护人员要有较强的责任心，能够把对伤病动物的管理和照顾放在个人利益之上。

（7）救护人员应该支持、鼓励社会力量参与援助并提供必要的培训和教育。

（8）救护人员应该坚持科学、专业的救护原则，以完善的动物学知识和生态学原理开展救护工作。

五、野生动物救护的基本条件

（一）人员配置

人员队伍：经验丰富的兽医、责任心较强的救护和饲养康复人员、配合默契的管理团队。

（二）基本设施

救护的基本设施：动物医院（图1.1）、隔离笼舍（图1.2）、饲养康复笼舍（图1.3）、野化训练笼舍（图1.4）、软放飞笼舍和适合野生动物生活的饲养环境等。

第一章 救护概述

图1.1 动物医院

图1.2 隔离笼舍

图1.3 饲养康复笼舍

图1.4 野化训练笼舍

（三）主要设备

1. 救护的基本设备

专用救护车辆（图1.5）、救护工具（图1.6）、运输笼箱（图1.7）、个人防护设备、应急处理医疗箱（图1.8）、氧气瓶、通信设备等。

图1.5 专用救护车辆

图1.6 救护工具（田恒玖/摄）

图1.7 运输笼箱

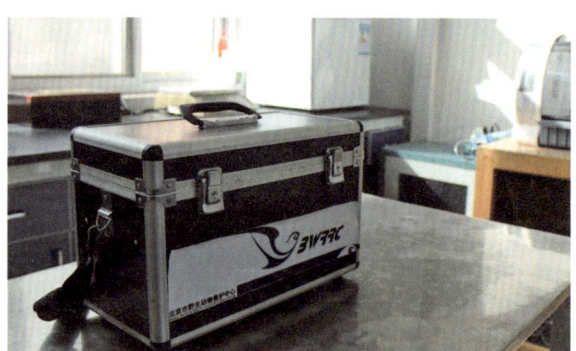
图1.8 应急处理医疗箱

2. 治疗设备

X光机、呼吸麻醉机（图1.9）、显微镜、眼检镜、血球分析仪、血液生化分析仪（图1.10）、心电监测仪、动态血压记录仪、手术台（图1.11）、无影灯、培养箱、离心机、冰箱、冰柜等。

图1.9 呼吸麻醉机

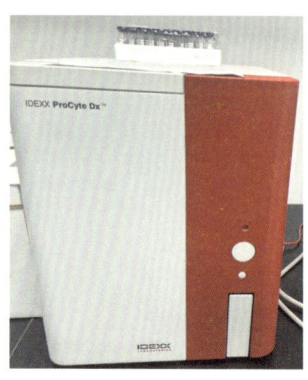
图1.10 血液生化分析仪

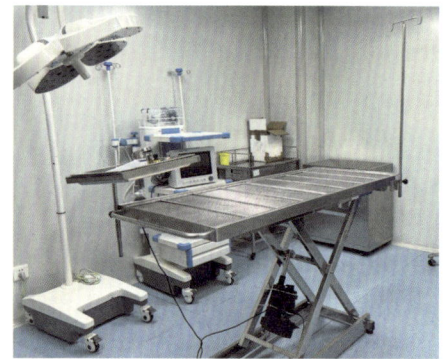
图1.11 手术台

3. 常用医疗器械

各种型号的注射器、输液器、听诊器、体温表、手术刀、手术剪、手术镊子、止血钳、骨钳、剪毛剪、持针器、缝合针、缝合线、无菌纱布、棉球、绷带、夹板、石膏绷带等（图1.12）。

（四）常用药品

常用药品（图1.13）包括用于消毒、补液、止血、抗菌消炎、抗病毒等药品。

消毒用药：碘酊、汞溴红（红药水）、甲紫（紫药水）、75%酒精、双氧水、84消毒液（环境消毒）等。

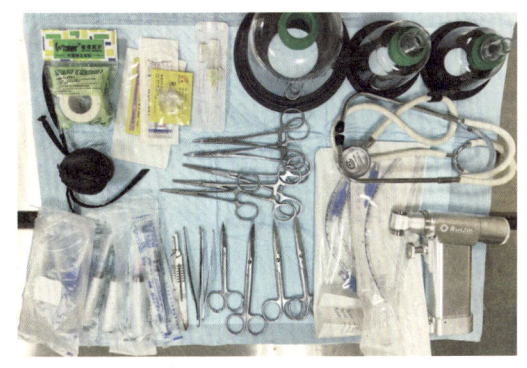
图1.12 常用医疗器械（郑苏群/摄）

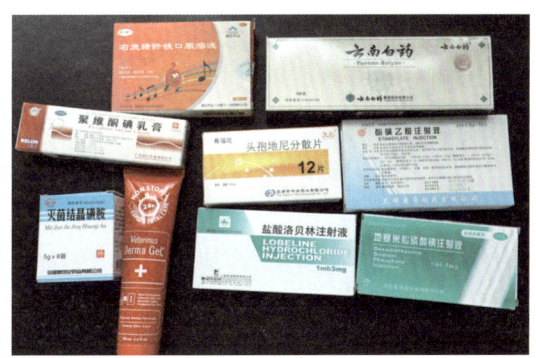
图1.13 常用药品

补液用药：5%葡萄糖、生理盐水、乳酸林格液、灭菌注射用水、KCl溶液等。

止血用药：安络血、维生素C、结晶磺胺粉、维生素K_1、肾上腺皮质激素、止血敏、云南白药等。

抗菌消炎用药：青霉素、链霉素、头孢类、硫酸庆大霉素、红霉素、氯霉素、诺氟沙星、左氧氟沙星等。

抗病毒用药：抗病毒口服液、利巴韦林、盐酸金刚乙胺、金刚烷胺、干扰素等。

六、野生动物救护的一般程序

（一）新接收动物辨认

救护动物前，首先要了解被救护野生动物的基本情况，如动物种类、伤病原因及情况、救护时间和地点等。动物种类尽可能明确到种。如果电话求助时，对方不能说出动物的具体名称、类别，救护人员应详细询问动物特征，并做出初步判断。以鸟类为例，通过询问鸟类的体形大小、颜色、喙的大、小、长、短等特征，初步识别，尽量缩小物种范围。救护人员也可以通过请求市民发送微信、邮件照片等方法，初步判断受伤、受困鸟类的物种名称。还可以通过互联网查询、专家咨询等方式，及时向野生动物专家和爱好者求教。

不能初步确定动物种类或名称，就无法准确判断动物的状态，以及下一步的救护方案和措施。例如蚁䴕的脖子会左右大范围转动，这不是伤病引起的，属正常现象。另外，物种确认将有助于按照不同动物的需要，正确安置和饲喂，有助于救护个体康复和后期正确选择放归野外的地点和方式等。

动物伤病情况，是决定采取何种救护措施的依据。接到求救电话时，详细询问野生动物个体是否有明显外伤、是否有腹泻流涎等发病特征，为开展救护工作提供充分准备。

救护地点越详细越好，具体到村镇乡组、街道社区等。最好有原始发现地点，如发现传染病可以进行溯源。记录下救护人姓名及联系方式，方便救护人员及时快捷到达现场施救。

（二）初步检查

接收动物经物种辨认后，进行体况检查，初步诊断，制订相应救护措施。检查内容一般包括体重、体温、呼吸、心跳、能否自主站立或站立行走、对受到外界刺激时反应的敏捷程度等。针对检查情况，判断是中毒、发病、机械损伤还是其他病因。体检基本流程为：

1. 初检

心跳、体温、体重、呼吸及造成外伤或体弱的原因等（图1.14）。

2. 血常规检查

各项生化指标及血液形态判断感染原因及炎症程度。

3. 全血分析

主要是肝功能、肾功能、电解质平衡等。

4. 粪便检查

消化道寄生虫、消化道病变、动物采食情况。

5. X光检查

骨骼情况、骨折及呼吸

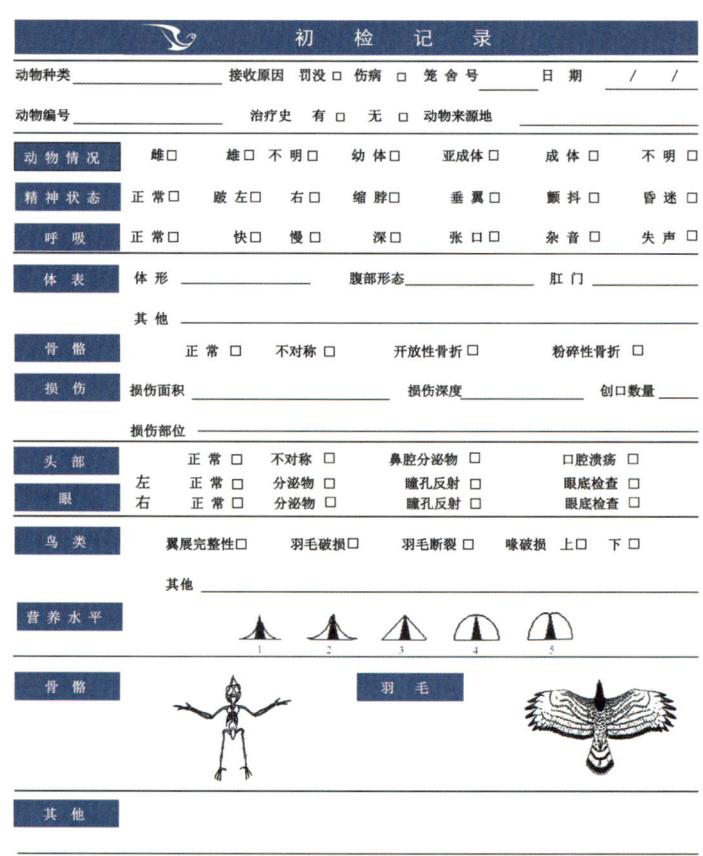

图1.14　初检记录表

道疾病检查。

6. 血清学检查

病毒抗体抗原情况检查。

体检流程依动物具体情况及救护站设备水平而科学设定。比如呼吸道疾病，就不必要做粪检；当没有X光机的时候，可凭触诊结果和经验，判断是否骨折及骨折程度等。

还有一种特殊的情况，即当收容救护一批野生动物的时候，可能会有死亡个体。这批动物活体数量少时逐一体检，数量多时抽样体检。同时，应对死亡个体进行剖检（图1.15）。剖检可以初步判定动物死亡原因，为活体动物救治提供参考。死亡个体的体液、病灶、组织样本采集，不仅可以用于实验室触片、组织切片等病理检查，用于细菌、病毒、真菌、寄生虫分离鉴定，还可以用于组织学、分子生态、分子病理等研究。此外，还可以通过诊治和解剖了解疾病发病特点、感染强度、病理分布及组织损伤等，以及与病原毒力相关的一系列病理变化，为临床诊断及流行病学研究提供基础数据。

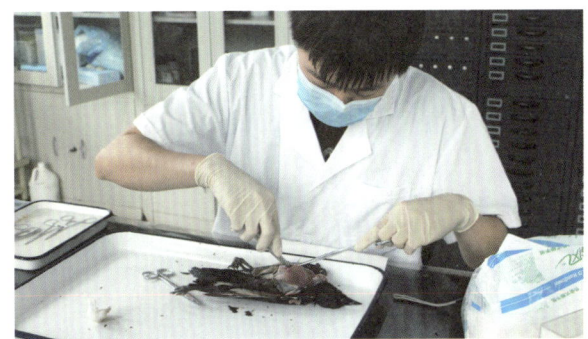

图1.15　剖检

（三）检疫隔离

新接收的动物一般要与饲养康复期或长期饲养的动物隔离饲养，避免一些未知疾病的传播感染。

1. 隔离检疫

动物检疫期视具体情况确定时间长短。隔离期主要检测禽流感、新城疫、结核、猴痘等烈性传染病。治疗工作一般在检疫区内进行。

2. 笼舍要求

检疫笼舍应建在通风向阳的下风口处，与其他笼舍保持一定距离。

（四）初期安置

初期安置笼舍或笼箱要设置于对动物干扰最低的幽静环境内，避免强光和过于黑暗。环境温度能够根据动物的身体状况而进行调节。要有足够的活动空间，但要避免动物高速运动撞击，安置笼舍或笼箱要坚固、安全，易于捕捉、处理。

（五）饲养康复

饲养康复是动物救护过程中极其重要的环节，通常分为饲喂、治疗、康复三个阶段。一般来讲，应及时建立动物来源、种类、伤情等相关信息档案。在全面体检后，应立即制订常规治疗、饲养康复等方案。

1. 饲喂

饲养技术人员根据动物种类、习性、伤情等情况，制订喂养观察方案。最好使用天然饲料（图1.16），使其尽快进食，密切跟踪观察，根据动物体况等及时调整食物种类、物理性质（流质或常规、常温或加热、切块大小等）、饲喂量及频次。如有需要，还可为其喂服适量营养品及微量元素以增强体质。

图1.16　天然饲料

2. 治疗

动物救治过程中，兽医应对救治动物进行全面体检（图1.17）。根据伤情制订治疗方案，及时科学开展救治工作（图1.18），并根据病情向饲养员提出看护、喂食

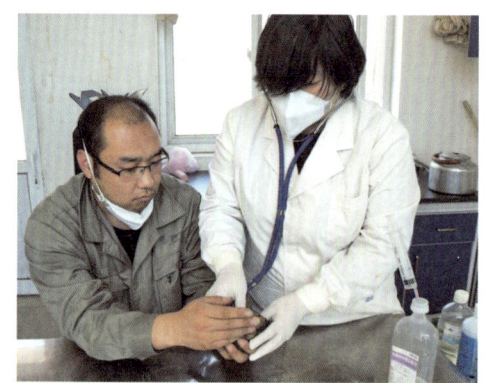

图1.17　听诊检查

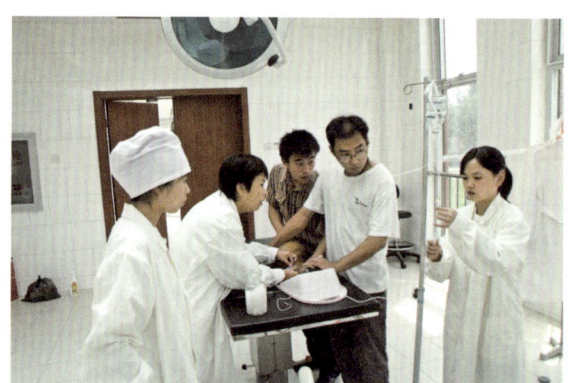

图1.18　输液治疗

的注意事项。同时密切关注其摄食、习性及体征等相关数据的变化情况，及时调整治疗方案。

3. 康复

动物康复是指综合及协调应用医学、社会、教育等措施，减轻受伤动物的躯体和生存功能障碍，使其得到康复而重返自然的整个过程。因此，兽医及饲养员除救治其机械物理性损伤外，还应密切关注其精神状态是否也得到完全恢复，避免声、光、外物等干扰，保持环境适宜性。

（六）清洁消毒

动物在治疗和饲养康复期，清洁消毒工作非常重要。动物本身的伤病和人工饲养环境的空间限制，使动物的精神压力增大，自身免疫力下降，更易感染患病，所以应做好以下几点工作：

1. 环境消毒

动物隔离饲养笼舍必须每天打扫、冲洗，并用稀释的消毒剂进行消毒（图1.19）。动物笼舍或笼箱要有良好的排水性能。水禽类的生活用水要经常更换消毒，某些经常在水中排便的物种，可以多提供一个水源，保证日常用水清洁。

图1.19　环境消毒

2. 器具消毒

饲喂动物的食盘、水盘要稳固，不易打翻、污染。食盘、水盘每天要清洗消毒，晾干后再使用，每天更换新鲜的食物和饮水。

3. 笼舍消毒

动物转出后，笼舍必须立即清洗消毒（图1.20），等待新接收动物的到来。未经消毒处理的笼舍，不得

图1.20　笼舍消毒

接收新的动物入住，避免造成未知细菌或病毒的交叉感染。

（七）动物康复后的处置

动物康复后的安置坚持依法依规、科学合理、及时有效的原则进行，提高救护中心的资源利用效率，减少运行压力。一般分放归自然、科普宣教、无害化处理等。

1. 放归自然

动物完全康复后，经过体检、测试、野外训练等放归前项目评估，具备野外觅食、生存能力的，需选择好适宜的地点、时间后，最后放归自然（图1.21）。

2. 科普宣教

康复动物不适宜野外放归的、没有传染性疾病的活体动物，经林业主管部门审批后，此类活体动物可委托有条件的饲养单位进行饲养或参与研究单位濒危物种的繁育计划。有价值的死亡动物尸体经检疫后可转交有关科研科普单位制作成标本，发挥其科研、科普宣传教育功能（图1.22）。

图1.21　野外放归

图1.22　科普宣教

3. 无害化处理

为防止污染自然环境，防范疫病流行，必须对其他死亡动物尸体采取焚烧、深埋等无害化处理措施，并做好档案记录。

（八）放归前检查评估

动物放归前要做全面的体检（血检、粪检等）（图1.23、图1.24），特别是检查救助时的伤病情况，以保证动物完全康复，未感染其他疾病。饲养康复时间长（两周以上）的动物还要做体力测试和野外生存能力评估（特别是猛禽类和兽类），以保证放归后的成活率。

放归地点该物种的种群密度和栖息环境也要有初步的评估，避免放归的该物种局部密度过大，造成生存的竞争压力。

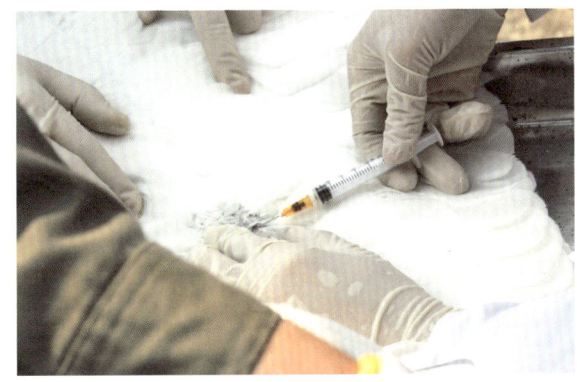 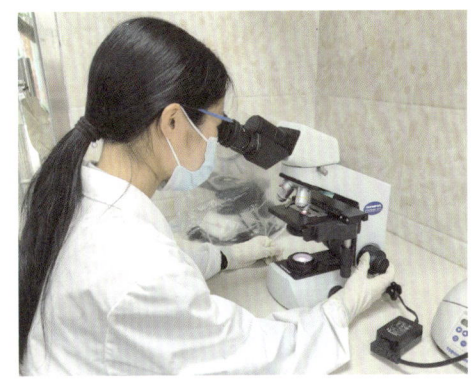

图1.23　采血　　　　　　　　　　图1.24　血液镜检（郑苏群/摄）

（九）放归后监测

动物放归时，各救护单位应根据自身的情况对动物进行标记，开展追踪监测和评估，如佩戴脚环、颈环、无线电项圈、卫星发射器等（图1.25、图1.26），对其放归后的活动情况进行跟踪、监测，了解其活动规律和生存情况，必要时采取干预措施，积累救护和放归的成功经验。

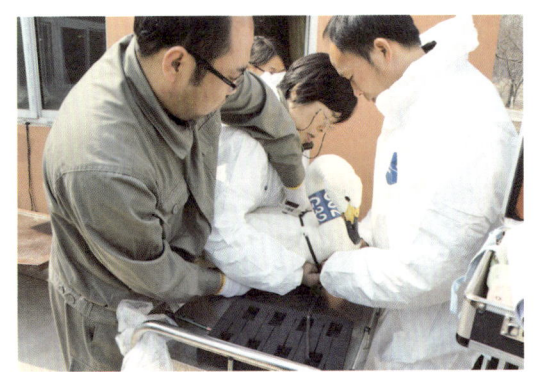 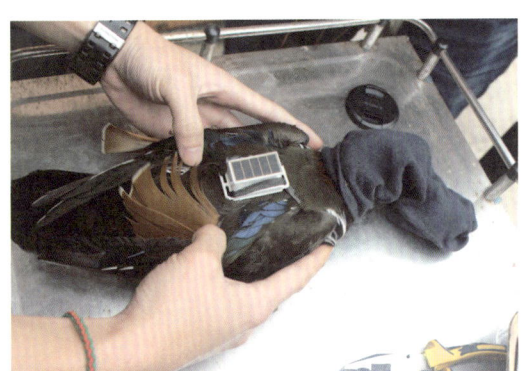

图1.25　佩戴颈环和卫星发射器　　　图1.26　佩戴卫星发射器的鸳鸯

（十）档案整理

救护档案记录对于救护机构业务的开展有着非常重要的作用，既可以详细了解伤病动物的救助过程、饲养情况，又可以对今后几年救护动物情况做出预测。

档案记录从接收救护请求开始，包括电话记录、初检记录、给药治疗记录、血检记录、粪检记录、X光检查记录、饲养记录、安置记录，死亡动物还包括解剖记录等。

档案以电子版和纸质版形式保存。电子版可用专门系统软件录入，方便数据收集、整理和查询统计。纸质版记录可按年度分类，把动物死亡、放归自然、科研宣教等分别建档，这样有助于救护经验的积累、评估预测某年度动物救护情况，以及查询往年某种动物的救护情况，为科学救护积累基础数据资料（图1.27）。

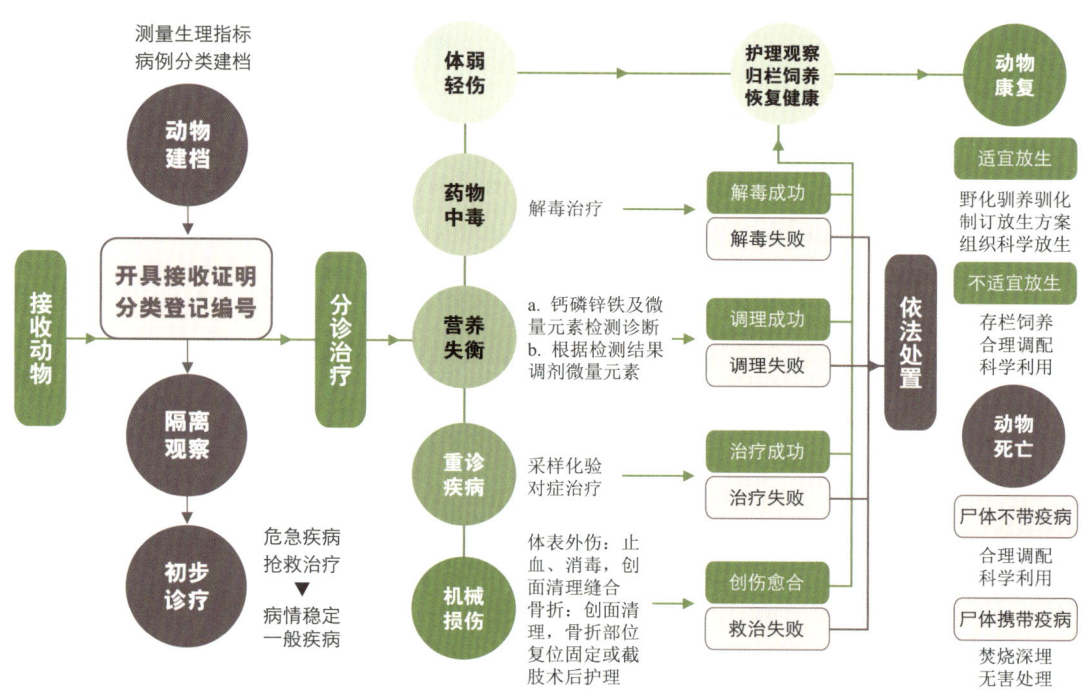

图1.27　野生动物收容救护处置流程图

第二章
鸟类救护

我们在工作和生活中经常见到鸟类，偶尔会遇到受伤、受困、发病的鸟类需要救助。相比较而言，在野生动物救护工作中，救护鸟类次数和数量比救护兽类、两栖爬行类多。2017年出版的《中国鸟类图志》收录鸟类1409种。此后每年都会发现新的鸟种，这些鸟类分布广，分布于我国森林、草原、湿地等各种生境。体型大小变化也很大，体型较大的如秃鹫、丹顶鹤、大天鹅等；体型较小的有莺科、绣眼鸟科等鸟类。从鸟类动物地理区系来划分，目前普遍认同我国动物区系涵盖了古北界和东洋界，划分为东北亚界、中亚亚界、中印亚界3个亚界，东北区、华北区、蒙新区、青藏区、西南区、华中区、华南区等7个区。随着国家深入推进生态文明建设，大家对野生动物特别是鸟类保护更加关注和关心，各个野生动物救护站每年都会接到大量关于鸟类救护的求救电话，有些志愿者、爱心人士等也主动加入鸟类救护工作。因为遇到需要救护的鸟类种类和数量比较多、诊断治疗难度大等困难和问题，野生动物救护机构需要加强鸟类救护设施设备建设和诊断治疗技术人才的培养，需要重点加强珍稀濒危鸟类的收容救护及繁育工作，需要加大鸟类救护科普宣传力度，积极科学发动、引导志愿者和爱心人士等社会大众参与鸟类救护工作。本章主要从救护过程中的鸟类识别、捕捉运输、临时安置、检查治疗、检疫隔离、康复饲养、野外放归、放归监测、鸟类救护注意事项等几个方面进行简要介绍。文中还简单介绍幼鸟救护及主要类型鸟类救护的注意事项，供读者参考。

一、鸟类识别

我国鸟类种类比较多，各种鸟类形态特征、生活习性、生存环境都不一样。

我们救护鸟类，首先就要准确识别。只有认识鸟类，才能科学实施治疗。本节采用不同于以往鸟类分类或图鉴书籍中的分类，而是根据救护鸟类实际遇到的情况，分为林鸟、水鸟、猛禽三类进行介绍，目的是让大多数读者，在较短时间内熟悉将来或遇上的救护鸟类的识别。当然，大多数鸟类雌雄羽色等外部特征不同，或不同年龄、不同季节外部形态都会有较大差异，或有些科的鸟类差异性又特别细微，识别起来比较困难。此时可以查阅相关鸟类图鉴、图谱，或者咨询野外观鸟经验丰富的观鸟会、科研院所里的专家教授。

（一）林鸟

本书所称的林鸟是指喜欢栖息生活于森林、灌丛等生境中的鸟类，主要包括雀形目、鸡形目等鸟类。其中，雀形目鸟类是鸟纲中种类最多的目，全世界有74科5300多种，我国有44科784种，分布于全国各地森林、草原、农田、湿地周边、公园、社区等各种生境中，善鸣啭，善跳跃。雀形目鸟类体型多为中、小型（图2.1、图2.2）。为了适应多种类型的生活习性，雀形目鸟类喙部形状多样。离趾型足，趾三前一后，后趾与中趾等长，腿细弱，跗跖后缘鳞片常愈合为整块鳞板。雀腭型头骨。筑巢大多精巧，雏鸟晚成性。

图2.1 斑鸫（朱兆泉/摄）

图2.2 黄腹山雀（朱兆泉/摄）

（二）水鸟

水鸟，是指栖息或经常栖息于湿地、依赖湿地生存的鸟类。本书主要是指游禽类、涉禽类鸟类。水鸟广泛分布于我国各地，一般在北方繁殖，在南方越冬。游禽类水鸟主要包括潜鸟目、䴙䴘目、鹱形目、鹈形目、雁形目、鸥形目等，常常栖息于湖泊、水库、池塘、河口、海岸、农田和沼泽地带，多食鱼类、甲壳类、软体动物、昆虫和水草等。常见的有大天鹅、绿头鸭、豆雁、鸳鸯等。涉禽类水鸟（图2.3、图2.4）主要包括鹳形目、鹤形目、鸻形目，通常在沼泽、水边生活，适应于浅水、岸边栖息生活。最主要特征是"三长"，即嘴长、颈长、腿长。嘴特别长，胫下部裸出，跗跖及趾均细长，半蹼或无蹼，颈长尾短，适于涉水行走，不适合游泳。休息时常一只脚站立，大部分是从水底、污泥中或地面获取食物。

图2.3　白鹭

图2.4　东方白鹳

（三）猛禽

猛禽主要是指肉食性鸟类，以捕食其他小动物为食。猛禽涵盖鸟类传统分类系统中隼形目和鸮形目的所有种，包括鹰、雕、鹫、鸢、鹭、鹞、鹗、鸮、鸺鹠等次级生态类群，均为掠食性鸟类。我国隼形目和鸮形目分别有50种和31种。隼形目如金雕、普通鵟、苍鹰等34种在我国为候鸟，鸮形目如雕鸮、红角鸮、领角鸮、长耳鸮等10种在我国为候鸟。所有猛禽均为国家重点保护野生动物。

隼形目的猛禽嘴强大，尖端钩曲；翅稍短而宽阔，且强有力；善于空中翱翔，能较长时间盘旋于高空。脚和趾均强壮粗大，趾端具锐利而钩曲的爪。为昼间活动的猛禽。多数捕食啮齿类动物或食腐食、尸体，也捕食其他鸟类。

鸮形目的猛禽头部宽大，嘴短而硬，先端具钩状尖，蜡膜略被硬羽覆盖；眼大而位于前方，眼周围有放射状细羽构成的脸盘；耳孔特大，耳孔周缘具皱襞或耳羽；脸形似猫，故俗称"猫头鹰"；双翅宽阔，尾羽短圆。双脚粗壮强健，多数全部被羽毛。昼伏夜出，黄昏时飞出捕食。以食啮齿类动物为主。

有一些猛禽繁殖地和越冬地比较特殊，如赤腹鹰在华南均有繁殖，迁徙经过台湾及海南。金雕繁殖于内蒙古东北部，越冬在东北长白山区。燕隼繁殖于中国北方及西藏，越冬于西藏南部，有时在广东及台湾越冬。猎隼繁殖于新疆阿尔泰山及喀什地区、西藏、青海、四川北部、甘肃、内蒙古，越冬在中国中部及西藏南部。拟游隼繁殖于天山及青海，越冬于新疆喀什地区。雪鸮在东北及西北越冬。短耳鸮繁殖于东北，越冬时见于华北、华中和华南地区。

猛禽按活动时间分为日行性和夜行性。日行性猛禽（图2.5），如隼、鹰、鹫等，特点是嘴、脚和翅膀强健有力，擅长疾飞和翱翔，视觉灵敏。夜行性猛禽（图2.6），如雕鸮、长耳鸮、短耳鸮等，特点是眼大适于夜视，耳孔大有助于夜间对声音的感知，并且脚、腿健壮，常被羽毛，体羽柔软，飞时无声，多以褐色为主以适应夜间隐蔽。它们大多数为森林鸟类，以昆虫、老鼠、小鸟等为主食。

图2.5 日行性猛禽：草原雕

图2.6 夜行性猛禽：灰林鸮

二、捕捉运输

鸟类救护过程中，我们经常需要开展解网、捕捉和运输等工作。在解网、捕捉和运输中，坚持"鸟类安全第一"的原则，非必要不执行。解网是在鸟类被黏网缠住时，要及时将鸟类从网上摘取下来。救护鸟类捕捉时，要注意捕捉技巧，尽量避免鸟类受到惊吓，杜绝鸟类因救护捕捉受到二次伤害。

（一）解网技术

解网技术是指把粘在网上的鸟安全迅速地取出的过程和技巧。以往救护经验显示，并非所有的人都能成为解网的能手。解网人员除了应具备良好的视力、稳定而触觉敏锐的手指外,还需具有耐心。容易激动和慌张的人,不适于操作解网。网上的每一只鸟,可能都会遇到特殊的难题,必须具有丰富实践经验的解网能手,才能安全迅速地摘取网上的鸟。

以下解网步骤是鸟类环志时通常采取的办法,可以借鉴参考,不同的是鸟类环志时要考虑尽可能不破损黏网,救护时重点考虑鸟类的安全。

(1)解网的顺序就是把鸟上网的过程反转过来。当鸟缠在两重网中时,应先解开外面的一层。如果鸟在网兜内转了几圈的话,应小心把它转回。最后把鸟取出的网面,就是鸟飞进的网面。

(2)如果网中的鸟,可以用正常的解网抓握法(图2.7)抓住的话,可以避免鸟缠得更深。这个方法一般来说不用费神去解缠在脚上的网线,当鸟的头部和身体解出后,可以很容易拉开缠在脚上的网线。

(3)如果要解开紧握在鸟足趾内的网线,可以让鸟的脚伸直,紧握的足趾就会自然松开。

操作时只需把鸟转过身子,轻吹其腹部就会促使它松开。

(4)如果鸟足趾被网线紧紧缠住,此时可以用中指和拇指轻轻而牢固地捏住跗趾近趾的部位,再以另一只手的食指和拇指轻轻且反复地搓动网线(图2.8),这样在大部分情况下都可解脱缠绕在鸟脚上的网线。当网线与鸟环缠绕在一起时,可用一根安全别针作为辅助工具挑开网线(救护人员利用一根7~10 cm长的竹针也可帮助解网)。

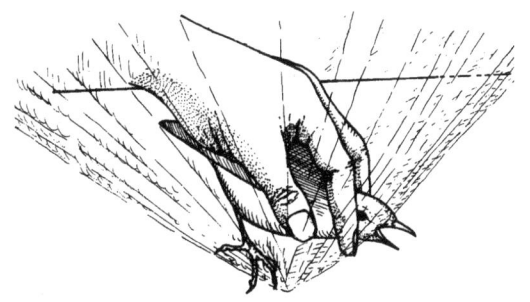

图2.7 常规解网抓握方法一

(5)有些鸟类的爪比较弯曲,如隼形目、鸮形目以及椋鸟等,需要很大的耐心和毅力才能把网线解开。如果实在不行的话,就必须把网线剪断。

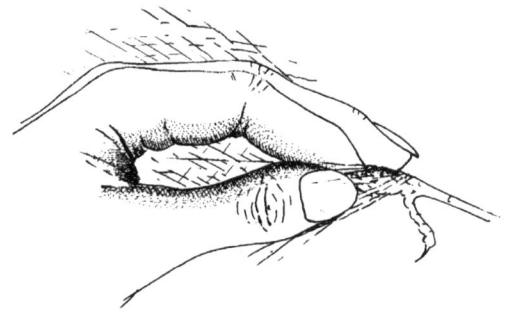

图2.8 解脱紧缠在鸟足趾上的网线

（6）当鸟双翅都被缠住时，可以先抓住初级飞羽的基部，另一只手把缠在翅上的网线解脱，同时也把缠在基部的网线解开，接着用抓握法抓住鸟体，最后将另一侧翅膀也解出。在解脱腕关节部位时要分外小心，尽可能把网线由羽毛基部拉向端部。如果网线紧绷关节部位，解脱有可能对翅膀造成伤害时，最直接的解决方法是剪断网线。

（7）如果鸟仰躺在网内，且其足趾又紧抓缠住身体的网线，在这种情况下，以先解脱鸟腿脚部的网线为好。用手指握住鸟的跗趾，用捻动的方法把趾上的网线脱开（图2.9）。每当解脱一条腿，且腿与腹部间再没有网线时，可轻轻地从身体后部抓住鸟腿，避免鸟再次抓住网线。当腿部网线全部解脱后，下一步便是用拇指和食指抓住鸟的胫跗关节（不可抓跗趾，因为很多鸟的跗趾很脆弱），小心把鸟拉离网线。若解开的是较小型的鸟，安全的做法是以拇指和中指抓住胫跗关节，将食指夹在两腿中间。拉离网兜的鸟有时在头或翅膀处还缠有网线，此时最好让鸟自行挣脱为好。在鸟挣脱网线时，另一只手要迅速以抓握法把鸟握住。

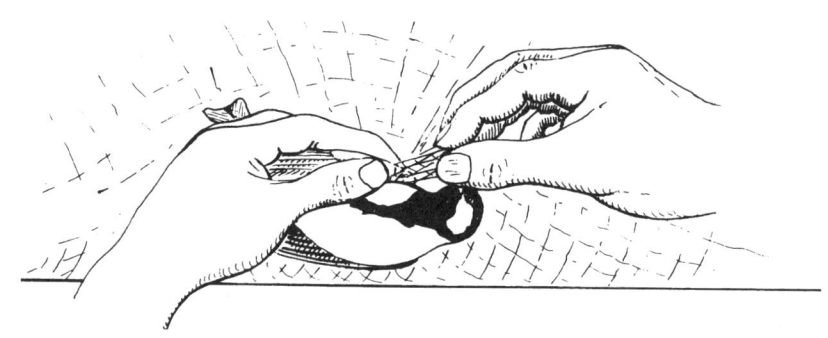

图2.9　常规解网抓握方法二

（8）有时候网中的鸟明显缠得不深，但又看不出腿或翅膀缠住了网线，在这种情况下可用双手轻轻地拉开鸟体周围的网线，这样有助于看出缠住的部位。

（9）即使技术最为高明的解网能手，有时也会遇到难以解开的情况，在这种情况下应毫不犹豫地剪断网线。长时间无法解脱，很难避免不对鸟体造成伤害。

解网时需要配备必要的器材。如小剪刀，主要用于摘取鸟类比较困难时，为避免解网时间过久，此时需要用小剪刀剪断网线，避免或减少对鸟的伤害；拉网竿，主要用于当鸟类挂在网上比较高的位置时，可用尖端带钩的拉网竿拉下顶层的网线,这样可减轻解鸟时网线的张力;手电筒或头灯,主要用于在早晨或傍晚救护黏网上鸟类时照明;鸟袋或鸟箱,主要用于暂时存放从网上解下来的鸟类。

(二)捕捉技术

正确捕捉、持握、传递手中的鸟类是鸟类救护过程中一项最基本要求,为的就是确保鸟类的安全。下面介绍几种常见的持握鸟类的方法(图2.10、图2.11、图2.12、图2.13)。

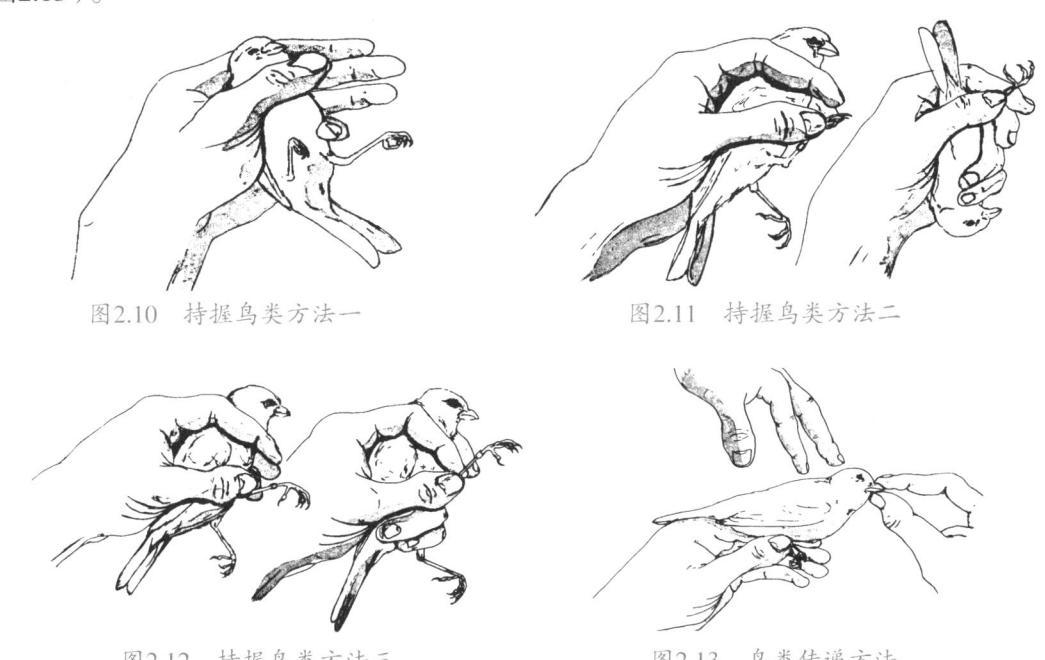

图2.10　持握鸟类方法一　　　　　图2.11　持握鸟类方法二

图2.12　持握鸟类方法三　　　　　图2.13　鸟类传递方法

(三)运输技术

鸟类救护过程中或救治康复后放归自然时,有时需要短途或长途运输。运输时,我们要做到把鸟类安全放在第一位,减少运输工具、外部噪音对鸟类的影响。运输前,我们首先根据鸟类的种类,准备适宜的运输器具,选用纸质、塑料、布袋或铁笼。

1. 运输器具

野生动物救护站需要常备20 cm×30 cm×40 cm、60 cm×40 cm×160 cm、60 cm×40 cm×30 cm、80 cm×60 cm×50 cm等不同规格的运输器具,根据本地常见鸟类大小适当调整器具尺寸。常用的运输器具主要有鸟袋、鸟箱(图2.14、图2.15)、鸟笼。

图2.14 救护中心工作人员将白鹤装入特制木箱

图2.15 大型涉禽运输鸟箱

鸟袋主要用于小型、中型鸟类运输，一般常用30 cm×40 cm（用于小型鸟）和40 cm×60 cm（用于中型鸟）两种规格，或根据鸟的大小来设计。鸟袋的优点是轻柔、经济、不占空间，给鸟类救护及运输带来很大便利。

鸟箱主要适用于在短时间内救护数量很多、鸟种单一的鸟类救护。鸟箱的优点是携带方便。鸟箱的上口中央贴一块切割成星状的硬橡胶板，作为放入和取出鸟的开口。箱壁可镶一个玻璃或有机玻璃观察孔。鸟箱应安全、黑暗及通风良好，箱的两侧应有通风孔和手柄，方便搬运时一人端起或两人抬起，箱子应结构坚固，不易塌下，在运输或保管动物时不易变形。箱子应进行清洗，在每次使用前均须消毒。可用实心轻质木板（有数行排气孔）为宜，因为鸟很容易被金属网眼所伤。箱子最好具备向上开启的闸门，救护员可根据鸟类种类和救护情况调节门的大小，不让鸟有逃走的空间。鸟箱具体大小可根据鸟的大小和习性适当调整，参考尺寸如下（高、宽、长）：

鹤科：95 cm×40 cm×90 cm；秧鸡科：50 cm×30 cm×50 cm；

鸨科：75 cm×30 cm×60 cm；鹳科：95 cm×40 cm×90 cm；

鹦科：50 cm×30 cm×50 cm；鹭科：75 cm×30 cm×60 cm。

考虑到操作方便性和鸟放进笼舍及放出时的安全性，可将鸟箱设计有两处开口：侧面和底面。侧面开口为可上下抽动的活动开口，主要用于放鸟进入鸟箱。箱底和箱体是半分开的，当把箱体掀起时，底面是完全暴露的，主要用于放鸟出鸟箱，可以减少鸟的应激反应，待鸟平静后，自己离开鸟箱。鸟箱的侧面要有通风孔，保持箱内空气流通。鸟箱要具备遮光功能。鸟箱内壁要有缓冲垫，防止鸟撞伤或擦伤。鸟箱底部需坚实、平整，利于鸟站立或蹲伏，放置地毯、毛巾、人造草皮、报纸等作为垫材，也可以在底部放置一层黄沙，既可以防止救护鸟滑倒受伤，也可以吸收粪便、食水等流体。

鸟笼主要适应于小型鸟类救护，优点是成本低，购置方便，一般在花鸟鱼虫市场就可以采购到现成的鸟笼。

2. 注意事项

使用鸟袋时，鸟袋应不时翻转，以清理里面的粪便和羽毛等杂物。鸟袋应定时清洗，这一点在温暖潮湿地区尤为重要，不然霉菌会很快滋长起来，对鸟和救护人员的健康都有影响。如果鸟袋缝合处有毛边，必须翻在外面，否则鸟腿可能会被线缠绕。有些敏捷的鸟（如山雀科的种类）会爬到鸟袋顶部，所以在将鸟放入鸟袋中后，应用鸟袋系绳在袋颈部位挽个活结，在取袋中鸟的时候应注意鸟在袋里的位置。鸟应分开存放于不同鸟袋。袋中的鸟由持袋人照顾，应尽量避免摇晃和碰撞。野外救护时遇到需要救护鸟类的数量比较多时，可以选一结实的树枝来悬挂鸟袋。如果确实需要把鸟保留过夜，要将鸟袋系紧，并存放在阴凉的室内地面上，尤其是大型鸟特别要注意这一点，切记不能彻夜悬挂。无论在救护站内或野外，都应注意四周有无食肉鸟兽。如果是几个救护人员一起工作，必须对每只鸟从放进鸟袋内到救护结束进行严格检查，不能因疏忽而对鸟造成伤害或保留时间过长。救护工作完毕后应及时清查鸟袋，避免将鸟遗漏在鸟袋中。

使用鸟箱将鸟放进箱内时，要清点鸟的数量。如果在鸟箱内保留时间较长，应注意箱内温度，如果箱内较热，应给予通风。避免鸟箱内鸟过度拥挤。在箱底可放置一张报纸，并及时更换。使用鸟箱应该排除运输路程过长这一情况，因为运输鸟箱时无法提供食物和饮水。

使用鸟笼救护运输时，应注意必须用深色布将鸟笼罩住，使笼内光线暗淡，以减少鸟的惊恐冲撞。

运输过程中，视鸟类个体大小和受伤情况，分单只或多只装。受伤较为严重或疑似患有传染性疾病的，一般采用单只装。只有当鸟类个体较小，身体无明显外伤，现场初诊排除疫病的，可采用多只装，一般以5~10只为宜。

3. 应激处理

鸟类救护时鸟类可能会因受到惊吓而产生腹泻、感冒、精神萎靡等应激反应，不同种类的鸟在救护过程中会有不同的反应，即使同一种鸟，不同的个体其反应也有差别。对很多种类的鸟来说，在整个救护过程都会显得很被动，既不挣扎也不鸣叫。但有一些种类，如苇莺属和鸫属，会表现出焦虑和暴躁，咬人和吵叫。对救护过程中反抗激烈和表现痛苦的鸟，尽快地完成救护操作以减轻鸟受到的惊扰和刺激。诊断治疗时，给鸟戴上眼罩能有效减少鸟的应激反应（图2.16），或使用电解多维的药物也能减少鸟类的应激反应。

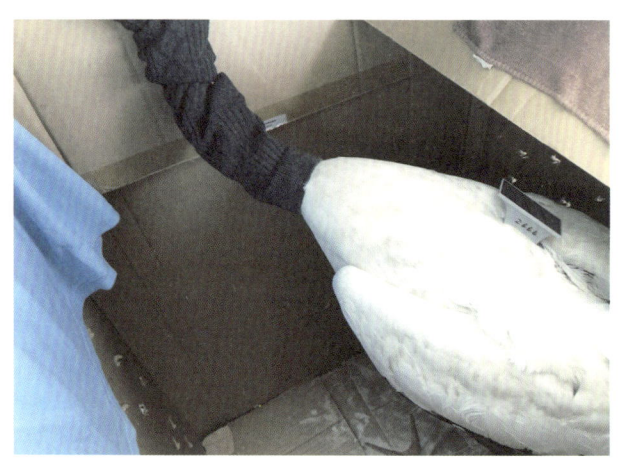

图2.16　小天鹅戴上头套防止应激反应

趁气温升高之前或鸟身潮湿时，鸟会抖松羽毛，闭上眼睛，此时把鸟放进一个清洁干燥的鸟袋中，把鸟袋挂在不受风凉、较为温暖的地方，大部分鸟会在20分钟左右恢复常态。若经过上述处理后，受凉的鸟还是不活泼，可把它安放在阳光下有荫蔽的树枝上。如果一只鸟喘息持续很长时间仍不停止，原因可能是操作不当导致肺部出血或骨头折断（最大的可能是锁骨）插进肺部所引起的。在这种情况下，应停止操作。如果有康复设备的话，可对它暂时照料。

三、临时安置

野生动物救护站点接收鸟类开展救护工作，需要进行临时安置。临时安置场所应在安静无人打扰的环境中，避免强光照射和长时间漆黑环境封闭，帮助鸟类保持冷静和减压。

为减少干扰，救护林鸟尤其是雀形目鸟类时，可将其安置在坚硬夹板制成的木箱中，木箱设有能防止逃逸的呼吸孔，门户开关可调节，便于及时观察救护鸟类的体征情况。木箱内应具有足够的空间供其站立、转身或站在栖木上休息，但不能大到让其可以快跑或飞行。患病或翅膀受伤的雀形目鸟类必须放在笼子或围栏里，约束或抑制其可能造成更多损伤的动作，推荐选用细小、昏暗而有围栏的空间，可以阻碍雀形目鸟类飞行。精神紧张的雀形目鸟类，需要完全遮蔽的笼子，或者有个简单的巢，可以藏身会让它们更安心。只受轻伤或者没有受伤的雀形目鸟类，可以放在空间充足的鸟舍，允许且鼓励雀形目鸟类自由活动和短途飞行，让鸟类在放归前充分锻炼飞行肌肉。可根据雀形目鸟类脚的大小设置天然栖木，雀形目鸟类的天性是选择较高的栖木，以此来避免天敌威胁。这类木箱只适合初步过渡一两天，待检查诊断结束后应及时迁往宽敞的长期笼舍或放归野外。

水鸟临时安置（图2.17）笼舍包括内舍、陆地运动场、水面运动场，三者之间以门相通，面积比以1∶2∶3为宜。其中，笼舍口放置消毒池，内舍要注意防寒、防潮，冬暖夏凉，阳光充足，通风良好。内舍备有鸟类躲避处、挡雨遮阴处。笼舍大小保证鸟类可在内部正常活动，可完全展翅，高度以1.8~2 m为宜，方便操作。内舍建筑材料可就地取材，因陋就简，可用瓦顶，墙壁用砖墙或泥墙均可。舍外陆地运动场用高于3 m的铁架栏杆，棚顶和四周用尼龙网或铁丝网搭盖圈围，网眼以鸟类头部不能钻出为宜。陆地运动场干爽不积水，铺5 cm厚砂土，种上树木或作物遮阴，防止闷热。食具可设在运动场一角。水面运动场周围、顶部架设金属或尼龙网罩。栏水竹竿或镀塑金属网要深及水底，以防潜逃。网眼以鸟类头部不能钻出为宜。

图2.17　东方白鹳临时安置

猛禽临时安置（图2.18）要单独安置，或少量猛禽在条件相同时可安置一室，比如同一窝猛禽幼鸟。笼舍内应至少水平放置一条栖木，在接近天花板处放置高栖架。使用人工草皮或其他合适栖息的材料盖住暖气片，防止灼伤猛禽足部。笼舍可以安装窗户，与户外相通。需保证猛禽不会碰撞玻璃而受伤。在窗户前放置格栅的距离要合适，防止猛禽卡在格栅内或折断羽毛。窗户开口方向应避开人类活动区。笼舍门应该牢固、不透明，有小窥视孔，便于人在不干扰猛禽的

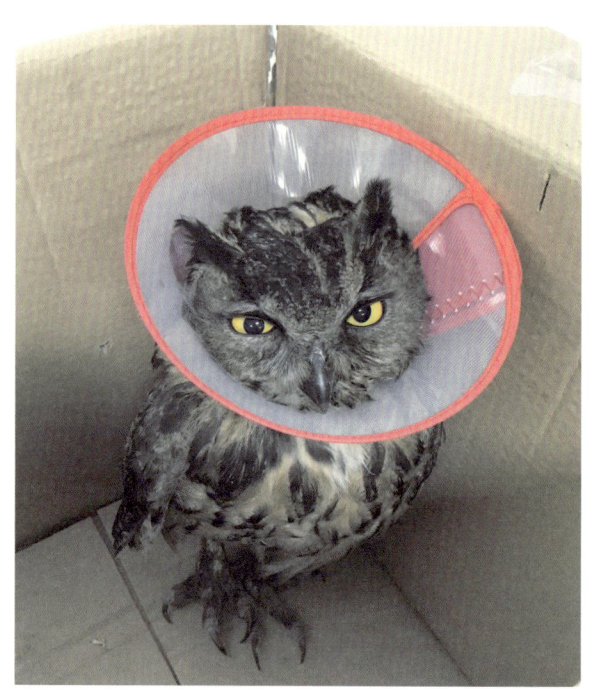

图2.18　猫头鹰临时安置

情况下观察。墙壁应牢固，不建议用网质材料。地板和墙壁必须铺瓷砖，以便于洗刷和消毒。地砖须向地漏倾斜，确保地面干燥不积水。每间笼舍内应放置供猛禽饮水和洗浴的浅水盆，随时供水且每天更换。为某些种类，如小型猫头鹰，放置盒子等物品，方便其藏匿。每次安置新的猛禽前，必须对地面、墙壁、地面覆盖物和水盆彻底清洗、消毒并干燥。定期检查鸟舍有无损坏，以免猛禽受伤或逃逸。

四、检查治疗

检查治疗是鸟类救护的关键环节，检查是否仔细关系着救治方案的制订，救护方案是否科学关系着救护成功与否。检查一般分为问诊、体检、听诊、检测、诊断。根据检查结果，由兽医制订治疗方案，开具治疗药方，其他救护人员协助共同开展鸟类救治工作。

（一）问诊

问诊是一般检查时的一个重要步骤，对于病情诊断有很大的帮助。一般来说询问以下一些情况：受伤鸟被发现的地点、周围情况；到当时为止是否有过治疗，

用过哪些药物；鸟是否能进食，吃过哪些食物；饮食量和饮水量；有无异常情况，比如精神沉郁、不愿飞翔或扇动翅膀、无法保持平衡、不安、跛行、羽毛不整、垂头、颤抖、昏厥、眼睛半闭、呕吐等；有无明显的外伤，腿和翅膀是否肿胀；有无排便，粪便颜色和黏稠度。问诊的过程是双向的，因为野生动物不能说话，无法和人交流，这让兽医的诊断有很大难度。因为救护人员往往对被救护个体情况的了解相对详细，所以救护人员就是间接的发言者。因此救护人员要配合兽医，尽可能把所观察到和了解的情况告诉兽医，以便兽医及时做出准确的诊断和治疗应急方案。

（二）体检

体检应该全面而简短，一般不超过10分钟（图2.19）。为保证体检的全面性，需要制订一份体检表，并且要有助手协助。即使外伤很明显，也应进行全面检查，这有助于发现不太明显的问题或并发症。当然，对于急症病应该立即进行治疗，之后再进行全面体检。体检的各个部位检查重点如下：

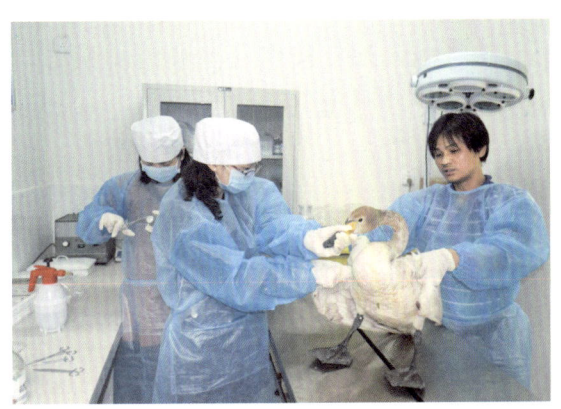

图2.19 初步体检

1. 头和眼睛

检查眼睛包括有无眼睑肿胀、斜视，分泌物或眼球颜色是否改变，这些症状可能是由受伤、感染、眼睑内异物或窦肿胀引起的。瞳孔散大说明鸟可能处于休克状态、脑震荡或已失明。前房或耳道出血可能是由头部外伤引起的。常用小光源检查瞳孔的反应。与哺乳动物相比，鸟类的瞳孔反射是自主的，即没有大多数哺乳动物那样的交感反射。

如果检查眼睛表层时发现或怀疑有异常，就应当用检眼镜检查眼睛深层结构。因为鸟类的虹膜和睫状体上的肌肉组织是横纹肌而不是平滑肌，所以在鸟类身上，阿托品不能引起像哺乳动物那样的散瞳作用。视网膜通常无血管，结膜是视网膜氧和营养的来源。部分鸟类的虹膜在成长过程中会呈现出不同的状态，这属于正常生理现象，例如幼龄沙丘鹤虹膜的颜色是蓝的，随着发育成熟，渐渐变成灰色或绿色，最终变成黄色或橙色。

2. 喙

要检查喙有无啄伤、是否长得过长、喙两侧磨损是否光滑等。怀疑有外伤时，应检查喙是否断裂或是否有其他损伤。要检查鼻孔是否有分泌物，通气与否。

3. 口腔

在检查过程中，鸟通常会张嘴鸣叫，可以看到口腔的内部结构。如果不鸣叫，可用拇指和食指在两侧喙联合处轻轻撬开口腔。口腔黏膜通常是鲜粉红色的，但有些鹤的黏膜上有灰色或黑色的色素。可根据口腔黏膜的湿润程度判断鹤是否脱水。鹤舌是细长的，沙丘鹤的气管开口处（声门）有一个小的深红色结构。

维生素A缺乏能引起消化道黏膜、结膜、眼睑、耳道或皮肤出现增生性、斑状病变。原虫（毛滴虫属）和真菌（念珠菌属）感染表现为白色浓稠的、隆起的、斑状的病变覆盖于口腔黏膜上，并且可能延伸到食道、腺胃等处。念珠菌感染同样被视为喙糜烂的原因。嘴角周围或眼睑上的痂样病变是干燥型禽痘的特征，而湿痘的特征是引起口腔、食道等处隆起的板状病变。湿痘更为严重，会危及生命。

4. 耳道

应检查耳道有无渗出、感染或血液。怀疑因受到攻击而受伤的病鸟，耳道常常肿胀、部分闭合和充满血液。

5. 颈部

仔细地触诊颈部、气管和食道有无固体、液体或气体（空气）存在。与其他许多鸟类不一样，鹤食道的下方不形成完整的嗉囊，食物和液体通常很快到达腺胃。因而，在检查时多数情况下食道是空的，颈部明显膨胀说明可能有肠梗阻或堵塞。在触诊时，颈部不能伸直或不愿保持正常的弯曲，说明脊柱侧弯。

6. 胸部

检查胸腔可以采取触诊和用听诊器听诊心、肺和气囊等方法。有些鸟类在触诊胸部入口时发现的双侧膨大与甲状腺肿大有关，但在鹤类中还未见报道。有些鹤偶尔出现在皮下，其中在胸腔、大腿、腹部或颈部伸直时头部的皮下出现充满空气的囊。通常认为皮下气肿的病因是外伤造成气囊破裂并导致空气泄露到皮下，但常常难以发现伤口。

7. 体况指数和体重

通过触诊胸部（腹部）肌肉和龙骨，能估计骨骼肌肉发育或萎缩的程度，并作为体重指数（分为1~5级）记录下来。如体重指数为4级或5级的鹤肌肉丰满，并且胸部肌肉突出地包绕在龙骨上；体重指数为3级的鹤胸部肌肉轮廓较平；体重指数为2级的鹤胸部肌肉下凹；体重指数为1级的鹤肌肉严重萎缩，身体瘦弱。体重指数有季节差异和个体差异。与飞翔有障碍的鹤相比，健康的野生鹤通常胸部肌肉较发达。鸟断翅一般会引起胸部肌肉组织受到损害，尤其是断翅的一侧。体重指数的最大用处不是用于个体之间的比较，而是与以前的体重指数数据进行对比。应当培训饲养员，只要捕捉到鹤，任何时候都应触诊并记录体重指数。

体重指数降低通常说明体重降低或在医疗方面可能有问题。称重是评估身体状况和监测总体营养状态最好的方法。体重下降时兽医应进行全面检查。

雏鸟可以放在纸箱里称重。箱子要足够高，以防雏鸟跳出，在箱子中放上毯子和垫子以保证雏鸟更好站立，饲养员把手放在箱子顶部以防雏鸟跳出或弄翻纸箱。

较大的鸟（体重大于2kg）要放在台秤上称重。许多鸟能安静地站在秤上称重。国际鹤类基金会采用的称重办法是一个人抱住鹤站在秤上。

称重范围10~15kg、精确度0.1kg的弹簧吊秤可用于笼内或野外准确称量。这种方法已经应用多年，对鸟的伤害最小。首先把鸟放在一个布袋中，用布袋保护颈部和头部。抓住吊到鸟背部的布袋边，弹簧秤的钩钩住布边，鸟和布袋悬挂在称下。称量时，一只手放在布袋下防止鸟晃动。但这种称量方法必须使鸟腿弯曲，鸟偶尔也会因此受伤。另一种方法是称重吊兜，最简单的吊兜可使用一个1m见方的网子网住鸟，然后用挂钩钩住4个点以上进行称重。

8. 腹部

轻轻地触诊腹部，检查腹腔内有无包块、液体（腹水）或卵。除非肝脏肿大，一般触摸不到肝脏。胃和肠道很容易触摸到。肠道内摩擦音（气体）、过多的液体、肠壁增厚或包块都有可能被触诊出来。应该检查泄殖腔周围有无损伤、肿瘤、突起以及羽毛上有无尿酸盐和粪便积存。幼鸟泄殖腔变脏常常是腹泻的症状，而且经常是由大肠杆菌感染引起的。因肿瘤、感染或嵌塞引起的尾基部尾脂腺的增大也能够触摸到。

9. 皮肤和羽毛

要检查皮肤和羽毛的总体状况。检查皮肤弹性判断是否脱水，检查皮肤上是否有螨、虱、肿胀（气肿、脓肿）和羽毛有无脱落或缺损。羽毛暗淡、断裂或磨损说明鸟有营养不良、激素失调或有应激反应等问题。有时能见到羽毛囊肿和羽毛发育异常，特别是翅膀上。有自啄癖的鸟在腿部可见到皮炎、羽毛残缺或脱毛区。

10. 翅膀

两侧翅膀都要检查，要触摸所有骨骼和关节，同时评估肌肉的紧张度和伸展性。检查翅膀腕骨处有无肿胀、擦伤时，一定要小心地将翅膀维持在自然位置，以免造成外伤。如鹤形目鹤科鸟皮下出血会形成绿色的污点，这是由于红细胞被破坏而释放出胆绿素而形成的。翅膀或全身羽毛暗淡常说明有创伤。

11. 腿

触诊每一块腿骨和关节并评估肌肉紧张度，并检查脚趾能否正常伸展、趾甲是否折断、脚趾或脚掌是否肿胀。脚趾肿胀常伴发骨折、脱臼和掌炎。

体温的变化也能反映鸟的身体状况，如鹤形目鸟类多数体温似乎相对恒定，一般来说鸟在患细菌性疾病、运动和应激反应时体温会升高。

将体检的各项指标与野外个体正常数据进行对比，然后评估动物的健康状况。若动物的健康状况良好，直接放入检疫区内的康复饲养区或野化训练场，检疫期结束后转至康复饲养区或野化训练场，完全康复的可进行放归自然。

（三）听诊

每次检查都要对鸟的胸部进行听诊。使用听诊器可以确定心率、心跳的节律和心音的位置，也可以听到鸟的心杂音。对严重贫血或脱水的鹤和因感染造成心包炎或内脏痛风的鸟，可听到其他类型的杂音。检查呼吸系统时，对于大型鹤形目鸟类，听诊胸部也有用，它们的呼吸因空气流动产生的声音很清晰，通常吸气音比呼气音强。

一个或几个部位听到滴答声、喘息声、液体性声音，或者空气流动音完全消失都说明呼吸系统有问题。偶尔出现这样的情况：某次检查时有异常呼吸音，下次检查却没有。虽然出现短暂的异常呼吸音的原因不清楚，但显然与主要的疾病无关。单侧性的模糊不清的呼吸音说明主支气管堵塞或一侧的肺和气囊实变。

（四）检测

检测主要通过采集鸟类血液、肛拭子或咽拭子、粪便等，通过实验仪器检测，来准确判断病因。实验检测主要内容如下：

1. 血液检测

采血部位为腋下静脉，采血量不超过体重的1%。检查血常规，判断脱水情况及感染病菌情况。

2. 病毒性疾病筛选检测

主要对禽流感和新城疫筛查，采集咽拭子、肛拭子用禽流感病毒抗原病毒快速诊断试剂条和新城疫病毒抗原病毒快速诊断试剂条检测。

3. 细菌性疾病检测

无菌采取脓肿、分泌物以及气管冲洗物等进行分离培养，常见病菌有沙门氏菌、大肠杆菌、魏氏梭菌、巴氏杆菌、葡萄球菌和曲霉菌等。

4. X光检查

检查部位是胸背、侧面和首尾，用于检查骨折和是否吞服异物。

5. 中毒检查

中毒药物主要是氨基甲酸酯类农药、有机磷农药，最多的是呋喃丹。中毒鸟类依中毒程度深浅，表现为腿软弱无力、支撑不起身体，趴在地上或虽能站立但是站立不稳。有的则全身颤抖，似怕冷状，或两翅拍打无力，飞不起来。严重的两翅不拢，无力垂下。嘴里流出很多黏液，拉长呈丝状。黏液可导致呼吸困难，气管发出"呼哧、呼哧"的声音。有的左右晃动头部以吐出黏液，严重的则抬不起头来，或头耷拉在地上，粪便呈稀状。

（五）诊断

鸟类疾病有细菌性疾病、病毒性疾病、营养代谢性疾病、寄生虫病和中毒性疾病等。常见疾病（表2.1）有细菌性疾病，如大肠杆菌病、沙门氏菌病、葡萄球菌病、坏死性肠炎等；病毒性疾病，如新城疫、禽流感等；寄生虫病，如鸡球虫病、鸡盲肠肝炎等；营养代谢性疾病，如维生素A缺乏症、B族维生素缺乏症、维生素C缺乏症、维生素D缺乏症、维生素E缺乏症、维生素K缺乏症等；中毒性疾病，如有机磷中毒、食盐中毒和药物中毒等。

表2.1　鸟类常见疾病及其症状

病名	病症
新城疫	食欲很低，口鼻中蓄积多量黏液，呼吸困难，常发出咕噜声，排黄绿色或白色稀便。常出现神经症状，腿、翅膀麻痹或头颈歪斜，动作失调
传染性法氏囊病	病体精神委顿，无食欲，排软便或白色水样便，翅膀下垂，呆痴
马立克氏病	神经型：腿麻痹，呈"劈叉"姿势，翅膀下垂，虹膜混浊，消瘦，可见坐骨神经或翅神经肿大，横纹消失 肿瘤型：皮肤形成结节，精神沉郁，食欲减退，渐进性消瘦
传染性支气管炎	张口呼吸，打喷嚏，咳嗽，气管有啰音。全身衰弱，畏寒，精神委顿，食欲差，羽毛松乱，排白色稀便。可见气管、支气管和鼻腔内有干酪样渗出物
传染性喉气管炎	抬头伸颈喘气，咳嗽，打喷嚏，呼吸困难，体温上升，食欲减退，精神萎靡，下痢，咳出血样黏液。病情较轻的，流泪，流鼻汁，眶下窦肿胀
鸡痘	出现灰白色小丘疹，相互融合形成干燥、粗糙、棕褐色的结痂
禽流感	咳嗽，打喷嚏，气管有啰音，流泪，下痢，眼睑水肿，并有神经症状。典型病变是面部发绀和水肿，爪鳞出血
禽脑脊髓炎	先是精神不好，眼睛稍为迟钝，接着头颈震颤，运动失调，前后摇晃，最后动作失控，不能运动，但仍有食欲
白痢	不吃饲料，怕冷，身体蜷缩，翅膀下垂，精神沉郁或昏睡，排白色黏稠或淡黄色、淡绿色稀便，肛门有时被硬结的粪块封闭，呼吸困难
大肠杆菌	嗜睡，体温升高，羽毛逆立且常被粪便污染
传染性鼻炎	体温升高，食欲减退，眼肿胀、发炎、流泪，严重时导致失明。鼻流出大量水样鼻液，脸部肿胀，打喷嚏，出现张口呼吸和异常呼吸音
禽霍乱	精神萎靡，离群，不爱吃食，口渴，呼吸急促，排出黄色、灰白色或淡绿色稀便。鸡冠和肉髯水肿变成青紫色
葡萄球菌病	体温升高，精神沉郁，食欲减退或停食，胸部皮下或翅膀内侧皮肤呈紫红色或黑紫色，破溃后流出淡红色带黏性臭味的液体
败血性霉形体病	流鼻液，咳嗽，呼吸困难，气管发出声音，精神沉郁，食欲减退，眼睑肿胀，眼球突出，气囊内有干酪样渗出物，严重的气囊炎
衣原体病	"企鹅"状站立，腹部增大，肚皮伸到地面，喜卧，行走困难，用手挤压腹部有水样波动感

表2.1（续）

病名	病症
曲霉菌病	不吃食，口渴，精神呆滞，羽毛松乱，呈睡眠状，渐进性消瘦，呼吸困难，气喘，呼气时发出特殊沙哑声音
球虫病	急性病例精神沉郁，排多量鲜血便。慢性病例的症状不典型，病初时下痢，粪便中含未消化物，采粪便镜检可见虫体及大量卵囊
黄曲霉毒素中毒	食欲减退，生长不良，贫血，拉白色稀便
磺胺类药物中毒	食欲减退或消失，精神沉郁，贫血，黄疸，血凝时间延长
食盐中毒	食欲减退或消失，强烈口渴，嗜睡，呼吸困难，角弓反张、痉挛和不能起立，下痢
有机磷中毒	呕吐，腹泻，瞳孔缩小，支气管痉挛和分泌物增加，咳嗽，气急。肌肉强直性痉挛，甚至瘫痪。抽搐和昏迷等
营养缺乏症	软骨症、啄羽、脱毛症等
滴虫病	精神委顿，食欲减退，缩头，羽毛松乱。头皮呈紫蓝色或黑色。如果病情发展下去，会单个呆立在角落处，站立时双翼下垂，眼闭，头缩进躯体，卷入翅膀下，行走如踩高跷步态。急性的常见粪便带血或完全血便，慢性的则排淡黄色或淡绿色粪便
疱疹病	精神沉郁、厌食，粪便绿色
念珠菌病	精神委顿，食欲减退或消失，消瘦，羽毛松乱。有的在眼睑、口角出现痂皮样病变，开始为基底潮红，散布大小不一的灰白色丘疹，继而扩大蔓延融合成片，高出皮肤表面凹凸不平。嗉囊胀满，但明显松软，挤压时有痛感，并有酸臭气体自口中排出。有的下痢，粪便呈灰白色
外部疾病	骨折、禽掌炎、翼膜损伤、喙损伤及眼病

（六）治疗

针对检查情况，判断是中毒、感染疾病、机械损伤还是其他病因。针对不同症状，采取不同的治疗措施。比如：中毒，一般采取静脉注射解毒剂；外伤，视受伤程度不同采取清创、消毒、包扎等处理，骨折时采取小夹板等固定。由于鸟类种类多，病因复杂，建议由具有执业兽医师资格证的兽医来实施治疗工作。没有兽医专业技术人员的鸟类救护点，可以寻求当地畜牧兽医站、宠物医院帮助，或通过远程视频方式，咨询野生动物或鸟类救护站专业兽医（图2.20、图2.21、图2.22、图2.23、图2.24）。

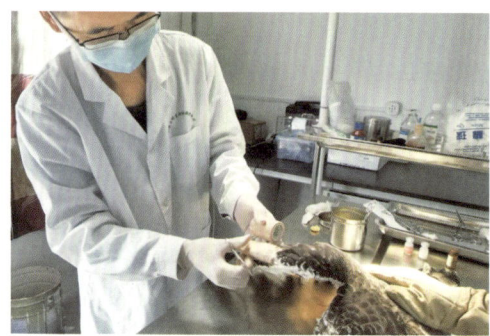
图2.20　蛇雕救护

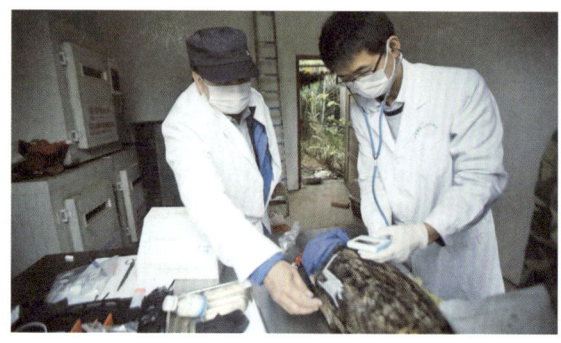
图2.21　雕鸮救护

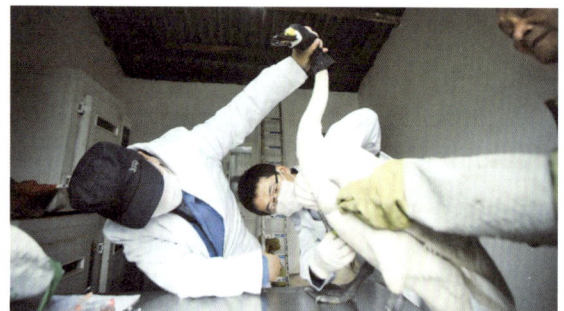
图2.22　小天鹅救护（1）

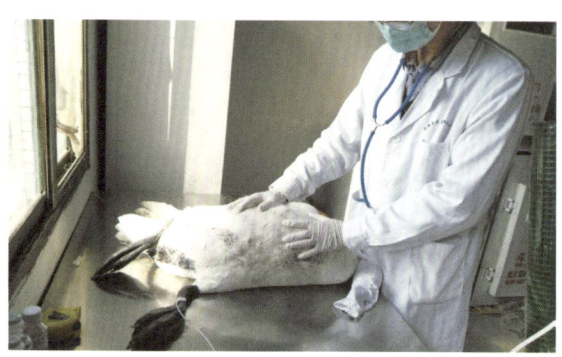
图2.23　小天鹅救护（2）

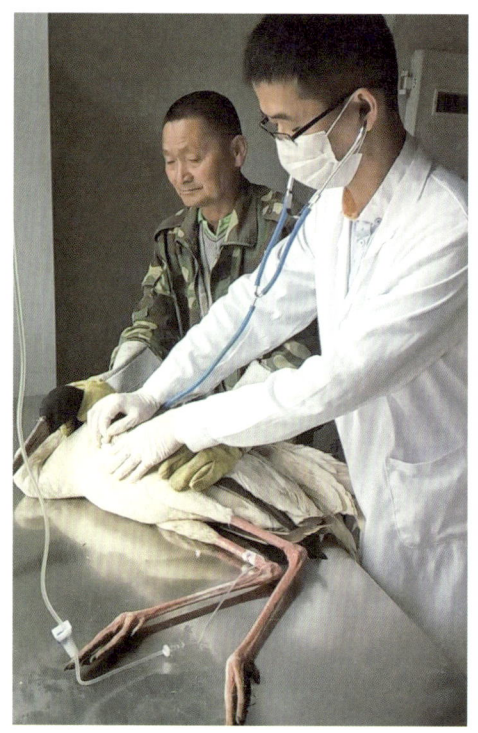
图2.24　工作人员为白鹤输液治疗

五、检疫隔离

鸟类接收、检查、诊断后，通常采取观察治疗。为防止新接收治疗的鸟类携带未知传染病传染给其他健康鸟类，一般要进行检疫，检疫后隔离饲养、观察治疗。

鸟类隔离笼舍，应保证结构牢固，防止害兽、猛禽等天敌动物攻击，防止逃逸。四周宜用黑色布料或塑料薄膜等遮挡视线，顶面保留足够透光面积。笼舍四周地面以下埋设50cm以上深度的铁丝网，防止鼠类危害。隐蔽区域充足。笼舍内架设栖架，根据鸟类脚的大小来确定栖架的粗细，适合鸟类站立和适当横移，避风、避雨，防护程度以避免鸟类个体直接受到上述危害为宜。

鸟类检疫隔离期一般为30天，按要求一般进行禽流感、新城疫等疫病检测（图2.25）。隔离笼舍和运输工具都需要在使用前、中、后做好消毒防疫工作。检疫合格的鸟类，即可转入康复笼舍进行康复治疗，检疫不合格的鸟类需及时采取防疫措施。

图2.25 实验室检测

六、康复饲养

配合康复治疗，制订科学合理的饲养方案。首先要充分了解所救护鸟类的食性，根据鸟类食性调制饲料配方。一般来说，大多数救护鸟类开始都不主动采食，应给予葡萄糖补充，直至能主动进食。开始进食时，首先少量投给，然后逐步加量。定时、定点、定量投喂饲料（图2.26）。长期供应足量纯净的水，涉禽中有些鸟的饮水量很大，随时都需要清洁的饮水。最好用高于地面、长流水的饮水器，这是最卫生的供水系统，成本也很低。目前应用最广泛的是浮漂自动控制饮水，可长时间供给清洁卫生水。

饲养康复期间，救护鸟类应投喂与其野外食性相似的食物。如雀形目鸟类食物（图2.27）主要为谷子、黍子、玉米、高粱、面包虫、大麦虫、叶菜、水果、商品饲料等，每天饲喂2次，饲料量以每次恰好食完为宜。以植物性饲料为主的鸟类，食物均匀投放在食槽中即可。涉禽鸟类在野外的生存环境主要为近海岸沼泽、池塘、水田或河中的沙滩等处，它们成群涉水在淤泥中寻找食物，主食蠕虫、蜗牛、软体动物和甲壳动物或草籽等。饲养康复期间，应提供浅水池（最深处为10cm）、沙地、蒿草等，为它们创造舒适安静的环境。日常饲料以动物性饲料为主，包含小蟹虾、熟鱼肉末、熟牛肉末、面包虫、小鸡颗粒料和多种维生素及矿物质，食物应投放在装有水并且底部放置泥土或沙的器皿中。其中，面包虫投喂在沙地或浅水池中，让它们慢慢地去寻找取食。猛禽可选择雏鸡、小鼠、大鼠、鹌鹑和鱼。对于采食无脊椎动物的猛禽，可从当地市场购买面包虫、大麦虫和蟋蟀等。食物尽可能多样化。除非猛禽虚弱至不能进食，否则尽可能饲喂整只猎物。喂食量可参考如下：体重100～200g，每天饲喂量为体重的20%～25%；体重200～800g，每天饲喂量为体重的15%；体重800～1200g，每天饲喂量为体重的10%；体重大于1200g，每天饲喂量为体重的6%～8%。但实际操作时对猛禽定期称重，满足其热量需求。

图2.26　东方白鹳救护康复饲养

图2.27　雀形目鸟类饲料

投喂饲料时，盛放饲料漏斗式的容器应放在高处，这样既可以减少昆虫接近的可能性，也容易清扫掉出的饲料。喂料器要避免淋雨，为进一步减少水浸湿饲料，喂料器应远离水源1m以上。饲喂量不要太大，最好是能确保鸟刚好吃完，这样每天可以饲喂新饲料，减少饲料的浪费和避免其变质。同时要注意饲料的消耗量，如果消耗量减少，则说明鸟的食欲减退或生病。有些涉禽一般会在温暖的冬天或初春，停止饮食一天或几天来消耗自身贮存的脂肪，如鹤形目鸟类。通常饥饿、消瘦、贫血、脱水等虚弱的猛禽不能消化固体食物，应为其准备容易消化的食物，如婴儿食品、肉泥等，直到它们能够食用常规食物。

饲养康复期间，每天要做好笼舍的清洁卫生工作，定期进行消毒，每周1次使用百毒杀或84消毒剂轮换进行喷洒消毒。笼内如果垫沙，需要每隔1～2周进行更换。

七、野外放归

康复后,将所救护的野生动物重新放归(图2.28、图2.29、图2.30、图2.31)到它生活的自然生境前,必须进行野外生存能力评估。评估内容主要包括运动能力、采(捕)食能力及躲避敌害能力,只有三项内容的评估结果均为优的鸟才能放归自然。放归前进行检疫,检疫合格后才能放归。唯一特殊情况无须检疫便可直接放飞的,是清楚其来源地的野生鸟类,而且它只是一时受惊或短时间被囚困。

经过救护治疗、康复饲养、野化训练恢复野外生存能力的动物进行放归自然,对于长期在本地生活的动物可以是康复后及时选择适宜的地点放归自然,对于迁徙的动物必须在动物的迁徙季节选择适宜的地点放归自然。只有在本地栖息的物种才能在本地放归自然,非本地物种不能直接放归自然,应到栖息地放归自然。放归的地点必须适合动物生存,有足够的食物和隐蔽所,尽量避免同一地点多次放归。放归自然的动物必须是检疫期满的鸟类。

图2.28　到东方白鹳救护地放归

图2.29　东方白鹳放归

图2.30　白鹤放归

图2.31　到鄱阳湖放归白枕鹤

受伤的鸟类，由于伤情的影响及受到惊吓，在救治过程中摄食方式及食物的改变，生活环境声、光、温度等的变化，可能使其暂时性丧失野外生存能力，为更好地帮助所救治康复的鸟类重新回到野外生存，必须做好康复动物的野外驯化工作，放归前应进行野化训练。训练内容主要包括寻找水源和食物、躲避天敌、寻找合适的栖身点等。野化训练成功后，鸟类具有独自野外生存能力即可放归。

放归前期要对动物进行全面的体检（头、眼、喙、口腔、耳道、颈部、胸部等）和进行标识。采取软放归方式可以提高鸟类放归后的成活率，即在一段时间内多次将动物带到放归地点进行放归，降低动物对人工资源的依赖。放归时依据康复动物的习性选择适合的装运器具，尽量避免对动物的伤害。存放装有动物的器具处，尽量减少外界干扰，运输中尽量减少颠簸，最好平缓行驶。放归自然时，器具出口要有合理的朝向。

八、放归监测

放归经救治康复的鸟类，绝不可以把鸟抛到空中，因为这样鸟可能无法及时应变而坠地受伤。应把鸟放在手掌上或干燥的地面，让其自行飞走。对涉禽来说，将它放在地面上让它自行飞走是正确的。释放雨燕时，应持着它的跗跖，举高迎风放飞。在岛屿和海峡上，若风力很大，不要在大风处放鸟，不然有可能将鸟吹到大海上。对精疲力竭的候鸟来说，上述这点尤其要注意。如果是海鸟，那么正好相反，应将它们在海里释放，而不能在内陆放飞，即使释放位置离海只有几十米远也可能会发生意外。若同时救护成鸟和幼鸟，或者配偶对（如雀科鸟类），或者家族群（如银喉长尾山雀），应一起释放。释放成鸟和幼鸟时，还应该把它们带回原地点释放，因为附近可能还有其他幼鸟。

在黄昏时刻放归鸟类时，对夜间活动的鸟类来说，最好保留过夜。对白天活动的鸟，即使天已很黑了，也可以在野外释放，但必须给鸟一个适应黑暗的时间，如放在灌丛或篱笆上。如果确信没有捕食性动物危害，也可以放在地上。

对放归的鸟类个体，应进行体重体尺测量（图2.32）、佩戴环志、佩戴编码旗标或色环等野外身份识别标记，以利于进一步监测救护鸟类个体的存活率等信息（图2.33）。中大型鸟类可选择佩戴GPS卫星跟踪器（图2.34），以便实时监测放归后的效果，研究鸟类活动规律和迁徙路线，监测疫源疫病，GPS卫星跟踪器重量应低于放归鸟类体重的3%，保证不影响其飞行活动。小型鸟类体重过小，佩戴GPS卫星跟踪器对其飞行有影响，则应选择更加轻便的鸟类环志进行标识。鸟类放归监测最好的办法是佩戴GPS卫星跟踪器，但成本较高。简单的办法是进行标记，最好是显眼的标记。放归监测重点是放归自然康复鸟类的野外生存能力以及融入野生种群的状况、参与野外繁育情况，对于不能适应野外生存的，应实施再次救护。

图2.32　雨燕体尺测量

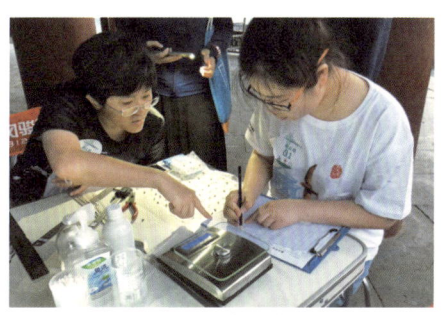

图2.33　雨燕环志记录

九、鸟类救护注意事项

鸟类救护时，千万不可损害或意外拔掉其羽毛，因为鸟类不仅依靠羽毛维持体温，而且在阴雨天也是依靠羽毛进行防水。因此，要防止人手上的汗液或湿气留在羽毛上，如果汗液留在羽毛上，就会让新生的羽毛受到损害并出现

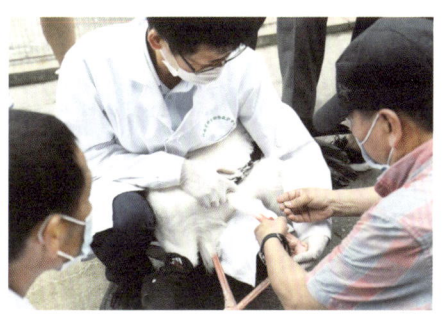

图2.34　东方白鹳佩戴GPS卫星跟踪器

压力线，就有可能除去鸟类羽毛上的天然粉末或油分，破坏羽毛的疏水性。捕捉鸟类时，行动不可过大，把握合适的力度，更不可挤压鸟类腹部。因为鸟类没有横膈膜，挤压腹部有碍鸟类呼吸。鸟类的呼吸、体温、血压会在被捉住时显著上升，捕捉会给鸟类形成一定的生理压力，因此处理和救护鸟类的时间尽量短暂。

（一）幼鸟救护

我们经常遇到幼鸟（图2.35、图2.36、图2.37、图2.38）需要救护，第一种可能是因为狂风暴雨等恶劣天气，幼鸟意外跌落；第二种可能是幼鸟学习飞翔时不慎跌落；第三种可能是遇到其他动物攻击威胁，或巢中发生推搡和拥挤，力气小的幼鸟被挤出巢外。救护掉落幼鸟，观察如果没有明显外伤，且不在马路中间，建议不要干预，直接离开。因为对于常见的落巢幼鸟，往往成鸟就在附近，等人走远后会来寻觅。如果是在马路中间或周围有流浪猫等明显威胁，可将其放回附近树枝上。如果发生受伤、受困、虚弱、失去亲鸟等确实需要救助时，尽量选择小而有盖子的纸箱，柔软避光，纸箱侧面打孔透气，减少幼鸟的应激反应。不要采用鸟笼，鸟笼对受伤或有应激反应的幼鸟容易造成二次伤害。纸箱里面铺上柔软的材料，如毛巾、棉花等，并给幼鸟准备一个站立树枝，方便幼鸟站立。将受伤的幼鸟带回救护站后，应进行全面体检，及时治疗，按其生长发育需要，配制幼鸟饲料。幼鸟正值羽毛和身体发育的重要时期，各部位尚未发育健全，还不能调节体温，因此需要提供保暖措施，其生活环境温度不宜低于35℃。饲养幼鸟的巢室要保持清洁卫生，每天及时进行清洗，保持干燥。水鸟幼鸟救护饲养时，应根据水鸟的种类、习性特点来布置笼舍环境，使之尽量接近自然的环境布置。尽量投喂自然食物，保持其野生天性和身心健康，这样有利于水鸟幼鸟的恢复和重返自然。

图2.35　黑鹳幼鸟

图2.36　黄苇鳽幼鸟

图2.37　戴胜幼鸟

图2.38　北红尾鸲幼鸟

有些幼鸟具有攻击性或患有疾病，捕捉时避免麻痹大意，要穿戴专业救护服装、手套，必要时穿戴防护服、护目镜和鞋套。幼鸟大部分还处于发育阶段，骨质较软，易造成骨折，羽毛也易破损。部分具有飞翔能力的水鸟幼鸟可以用网眼大小合适、材质柔软的软网或布捕捉，最好能一下把鸟罩住，以减少对幼鸟的伤害。

幼鸟救治时常见疾病有嗉囊炎腹泻、嘴尖皮肤流血、跌撞碰伤、蚊虫叮咬等。

嗉囊炎腹泻的症状是拉稀，精神差，无食欲，鸣叫弱，羽毛蓬松，身体无力，部分会出现口部有异味传出，触摸嗉囊则内有硬物，或者食物超过24小时仍然不能消化。治疗方法是先停止喂食，若嗉囊内还积存食物，就小心使用长嘴针筒，往嗉囊内灌少量生理盐水，并轻轻按摩嗉囊，让食物变软，再用针筒将嗉囊内积存食物抽出。待幼鸟精神转佳，鸣叫恢复正常，精神活泼，可尝试喂较稀的流质。检查消化情况和粪便情况，若已经正常，那么可以逐步恢复流质喂食。

嘴尖皮肤流血时，治疗方法是把幼鸟取出，检查伤口伤势。若是少量流血，可简单止血即可，一般2~3天就能完全康复。皮肤受伤的，例如眼部附近等比较重要的地方，就要特别注意防治发炎问题。

幼鸟学飞或者顽皮，经常会出现跌撞碰而造成碰伤的情况，检查方法是先把幼鸟扶起，小心轻柔地检查受力的地方有否骨折、扭伤。若出现骨折扭伤的，按一般外伤处理方法处理骨折和扭伤。若幼鸟反应迟钝，但没有明显外伤的，可能是撞晕了，应该把幼鸟放回住处，做好保温，让幼鸟休息一段时间再观察。

防止幼鸟被蚊虫叮咬的办法，就是适当涂少量氯霉素眼膏在叮咬处。若叮咬在眼部的，要仔细留意发炎情况，在伤口处涂氯霉素眼膏时，分量尽量要少。

（二）注意事项

金雕、秃鹫、鸮类等猛禽救护捕捉时，一定要戴好防咬手套，防止鸟喙叨人、爪子抓人。鹗可能用翅膀扇打。鹭类脖子较长，保定时小心其突然伸长脖子咬到保定者的下巴、脸和眼睛等部位。保定猛禽时，必须佩戴合适的防咬手套。捕捉、放入鸟舍以及野外放归时也都必须佩戴。这些手套应足够结实且薄厚适中，使把持者能够感觉到接触动物的部位。所选择手套的尺寸和类型要根据猛禽的种类和体型而定，如薄皮手套适用于纵纹腹小鸮等小型猛禽；长袖厚牛皮手套适用于雕、鹫等大型猛禽。保定时，猛禽的嘴和爪应远离把持者和其他人员的面部。把持者要对猛禽、自己、检查者及附近其他人员的安全全权负责。

鹭类、鹤类、鹳类等鸟类最危险的是喙，要时刻防范。长脖嘴尖的鹭科鸟类，攻击时动作更是快速有力，且极容易直击人的眼部，人根本来不及避闪。所以救护这些鸟类时，首先，要做出避让，进行探视，留出足够的安全距离，不走近到可以让鹭鸟伸长脖子后用嘴可以攻击到的距离。假如因为鹭鸟脖子紧缩着无法判断这个安全距离，则尽可能远离，选用其他工具帮助达到接触目的。其次，在抱起、保定等救护环节，选择不与鹭鸟面对面的角度，固定住鹭的喙、翅膀和腿部，以免受伤和伤到救护者。最后，抱起时，选择横抱，让鹭鸟的头部和嘴部（相对救护人的身体）朝后、朝下，不对着人脸。救护鹳类鸟类时，需要两个人一起来保定，其中一人将鸟的躯体靠在自己身上，一只手抓住鸟的身体和翅膀，另一只手抓住鸟的腿。抓握腿时，只能抓关节上部，且要把手指放在两个肘关节之间。另一个人可作辅助，抓住上颈部，固定住鸟头，注意不要盖住鼻孔。

因鸻鹬类喜欢行走在海滩上、浅水中，捕捞海鲜水产，因此在鸻鹬类救护笼舍的布置上，要尽可能接近其原来的生存环境。鹬类的身体结构，大都符合典型涉禽的"三长"特征——嘴长、颈长、腿长，能够在海滩和浅水区域自如行走，低头觅食。典型且常见的鹬类，如红脚鹬、青脚鹬、斑尾塍鹬，它们外形大体相似，可以将嘴插入软泥，探测下面的情况，捕捉藏在泥沙下一定深度范围内的无脊椎动物，但嘴的长短各不相同，在浅水及滩涂觅食时嘴部可触及的深度也相应有所差异，因此笼舍应针对不同的鹬类救护来铺设不同深浅的食物。鸻类从身形上看仿佛和典型的涉禽有所脱节，"三长"特征并不明显，甚至有的指标还相对较短。在海滩上，它们经常好似老鼠一般咪溜乱窜，猛然快跑一阵，然后急刹车停下，过一会儿又飞奔起来。鸻类通常没有长嘴，靠嘴啄食的深度十分有限。不过它们天生一对大眼，有超级好的视力，视野也非常开阔，站立时，周围海滩表面的任何微小动静都尽收眼底。一旦发现在泥沙表面和浅水洼中爬动的小螃蟹、昆虫、沙蚕、小鱼等，只要符合能吞下这个标准，鸻类便快速冲过去将其捉住吃掉，随后继续静立观察，重复着前面的过程。因此关于鸻类的救护笼舍设置应尽量开阔，减少遮蔽物，保证视野开阔，可捕捉到环境中的一举一动。

因雁鸭类为大中型游禽，不同物种间体型差异很大，大者如大天鹅，体长可达150 cm，小者如棉凫，体长仅30 cm，因此在救护时应根据具体物种大小选择与之相适应规格的运输箱。雁鸭类多数颈长头大，部分种类具有冠羽，喙多扁平，先端具有嘴甲，在实施救护时应控制好其颈部和头部，防止被其啄伤。雁鸭类在各种水域中均可生存，善于游泳，部分种类精于潜水，长尾鸭能潜入水下达60 m之深，因此受到救护的雁鸭类饲养笼舍应配备水池，供其游泳捕食，保持身体活力。

因大鸨生性胆怯，极易发生拒食、碰撞笼舍、碰撞墙壁等应激行为，因此在大鸨救护过程中要事先做好救治准备，如需手术应快速操作，以免发生应激死亡。大鸨进食困难，由于其性子胆怯，在人工环境下极难自主进食，因此在笼舍设置方面应增设面积较大的遮蔽物，阻断大鸨与人的直接接触。如果大鸨所受伤害非致命伤，则救护时应快速对伤口进行消毒止血，之后立即释放于笼舍，减少人为干扰。

如果鸟只是疲劳、受碰撞而发呆或有些轻微的损伤，可以马上在野外释放。如果救护人员身边有合适的饲养设施，也可以将鸟保留一段时间。出于这种目的的笼舍应放置在室外有遮蔽物的角落，大小不要超过1 m³，只要一面有网即可，其他墙面可以用方便的材料。笼舍底部最好抬高一些，并糊上水泥以防老鼠进入。笼舍内放置存水的浅碗、栖木、食盘等物。

如果鸟受油污侵害严重，使这些鸟恢复到正常和健康的状态是一件艰巨的工作，而且往往需要花费数周的时间。如果只是轻微的油污，救护人员用适宜的方法进行处理后是有可能救活的。若受污染极为严重，应交给兽医处理，或者以人道方式终止其生命。

对于受伤严重、复原无望的鸟，只有一个可行的办法就是马上处死这只鸟。动作要迅速，尽量减少鸟的痛苦。方式为抓住鸟腿，用力甩动，使其头枕部撞向石块或硬物。若不想抓住鸟腿，可把鸟放入小布袋内用力摔。小型鸟类可用压止心脏跳动法处死。以拇指用力压胸侧，鸟会马上失去知觉，但绝不应用水淹法来处理。

第三章
兽类救护

一、兽类识别

兽类是指全身被毛、运动快速、恒温、胎生和哺乳的脊椎动物。它是脊椎动物中躯体结构、功能和行为最复杂的一个高等动物类群。鸟类和兽类都是从爬行动物起源的，它们分别以不同的方式适应陆栖生活中所遇到的许多基本矛盾（例如陆地上快速运动、防止体内水分蒸发、完善的神经系统和繁殖方式等），并在新陈代谢水平全面提高的基础上获得了恒温。因而鸟类与兽类又被称为恒温动物。兽类动物的进步性特征表现在以下几个方面：

（1）具有高度发达的神经系统和感官，能协调复杂的机能活动和适应多变的环境条件。

（2）出现口腔咀嚼和消化，大大提高了对能量的摄取。

（3）具有高而恒定的体温（25℃～37℃），减少了对环境的依赖性。

（4）具有在陆上快速运动的能力。

（5）胎生、哺乳，保证了后代有较高的成活率。

这些进步性特征使兽类能够适应各种各样的环境条件，兽类分布广泛，形成了陆栖、穴居、飞翔和水栖等多种生态类群。

同时要注意到，尽管鸟纲与兽纲都是从古代爬行动物起源的，但在系统进化历史上，兽类比鸟类出现早，它是从具有若干类似于古两栖类特征的原始爬行动物起源的。而鸟类则是从较高等的（特化的）古代爬行动物起源的。因而在兽类的躯体结构上往往能保持着某些与两栖纲类似的特征（例如头骨具2个枕骨髁、皮肤富于腺体、排泄尿素），而鸟类则更保持着一些类似现代爬行动物的特征（例如头骨具1个枕骨髁、皮肤干燥、排泄尿酸）。

现存兽类（图3.1、图3.2）约有4000种，根据其躯体结构和功能分为3个亚纲，分别是原兽亚纲、后兽亚纲和真兽亚纲。其中，真兽亚纲包括食虫目、树鼩目、翼手目、灵长目、贫齿目、鳞甲目、兔形目、啮齿目、鲸目、食肉目、鳍足目、长鼻目、奇蹄目和偶蹄目。

图3.1　狗獾

图3.2　貉

二、捕捉运输

（一）灵长类动物捕捉

灵长类动物的活捉是野生动物捕捉中难度最大的，捕捉的方法通常分为两种：一种是野外捕捉，一种是栏舍内捕捉。

1. 野外捕捉

灵长类动物的野外捕捉经常是诱捕和麻醉捕相结合。通常这项工作主要是由男饲养员来完成。

诱捕主要是将诱捕笼安装在动物经常出现区域的空地上，顶栏盖住框的一半，笼外用东西垫高使动物可看到笼内的食物。通常诱饵是用玉米、花生或是动物最喜欢的其他食物，从外到里一路撒，外少内多，当动物钻进笼内较深时，迅速拉顶栏将动物困在其中，将短边收紧，将动物从另一短边的小方口逼进单笼而将其捕获。注意，灵长类有记忆，一次不成功必须换地方和伪装，否则动物不会"上当"。

麻醉捕分为两种。第一种是用麻醉剂浸泡动物喜欢的食物来诱捕，将麻醉剂食品撒在动物经常出现的区域，使其吃后麻醉、动作迟缓而被捕。使用这种方法通常是在城区食物不多的地方，通常与多人持网兜围捕相结合。要注意的是，小心动物麻醉后从高处跌下来受伤。第二种是用吹管或麻醉枪将动物麻醉后再捕捉，捉住后要及时催醒，以免发生意外。

2. 栏舍内捕捉

由于检疫、治疗、外调等经常要从栏舍内捕捉动物，因此要求饲养员要熟练掌握动物的捕捉技巧，尽量避免动物受伤和自己受伤。一般小型动物可以徒手捕捉，徒手捉最好是不戴手套，以免因手套不灵活而被咬伤。捕捉猴子时要头戴草帽，以防止猴子咬伤背后。通常为了安全起见，最好用网兜捕捉。

以下介绍长臂猿的捕捉方法。长臂猿是手臂长、头部灵活、行动敏捷的动物，有些会咬伤人，有的是神经质的个体。捕捉和保定不当会造成动物或人受伤，甚至动物死亡。对其进行捕捉有多种方法，大致可以分为串笼捕捉、网具捕捉、徒手捕捉、药物麻醉捕捉。保定的方法可以分为压缩笼保定法、徒手保定法、捆绑保定法和麻醉保定法。

（二）草食类动物捕捉

草食类动物一般情况下既具有一定的攻击性、危险性（如羚牛的攻击性非常强），又具有胆小、易惊、神经质的特性，因此在捕捉过程中在确保动物拘束安全的前提下，使用头套、眼罩、被毯等方式降低动物的应激反应，防止突然刺激造成被救护的动物仓皇逃窜，从而对周围的民众造成财产或生命危害。

（三）肉食类动物捕捉

肉食类动物具有一定的攻击性，因此野外捕捉救护时，必须保持高度的警惕性，做好自我防护，防止在救护过程中肉食类动物对救护人员或周围的民众造成伤害（图3.3）。

图3.3　肉食类动物捕捉救护

固定分为物理保定和化学保定。物理保定通常采用压缩笼保定法、网具保定法和木架捆绑保定法。化学保定通常采用注射鹿眠宁、氯胺酮等肌肉注射药物。通常对成体使用化学保定方法，对幼体使用物理保定方法。

三、初步检查

（一）救护现场伤病初步诊断的一般方法

视诊：对患病野生动物身体表面和体外开口（天然孔）可以直接用肉眼检查。

触诊：对被救护动物的皮肤表面、皮下动脉脉搏的触摸按压检查。

叩诊：用叩诊器敲打患病部位发出的回音声响来推断病变的性质。

听诊：用听诊器听患病部位的音响。

气味判断：通过嗅闻动物所发出的气味来判定动物的病情。

综合判断：通过脉搏、体温、呼吸频率等来判定动物的病情。

（二）救护现场的一般检查内容

营养状况：主要从毛色的光亮程度、是否有油性、膘情来判断。

一般特征：如外部表征、运动障碍、姿势等异常变化。

外部的完整性：如皮肤的弹性、湿润、颜色、被毛光泽、损伤、肿胀、发炎等。

体温测量：体温计测量、手触摸感知等。

脉搏：既可借助听诊器测量，也可按压颈动脉测量。

呼吸：包括频次、强弱、是否有杂音等。

天然孔：包括口、鼻、眼、耳、生殖器、肛门等。

四、检疫隔离

（1）根据救护时所患疾病的不同，制订相应的治疗康复计划并严格实施，直至完全康复。

（2）动物检疫期视具体情况来确定时间的长短。隔离期主要检测结核、猴痘、犬瘟等烈性传染病。治疗工作一般在检疫区内进行。

（3）检疫笼舍应建在通风向阳的下风口处，与其他笼舍保持一定距离。笼舍设置在对动物干扰最低的幽静环境，并有足够的活动空间，但也要注意避免动物高速运动。笼舍的设置要易于对动物的捕捉、处理。

（4）定期对笼舍及其周围环境进行严格消毒，以避免交叉感染及继发性感染，为动物康复创造良好的康复环境。

五、食物饮水要求

饮用水的供应最好是天然水，自来水最好是经过三天的静置后再供动物饮用。同时要教会动物用自动饮水器（图3.4），大栏中教会一个便可，检疫笼中要逐个教会。

图3.4　自动供水系统

六、饲养康复笼舍要求

（1）选在地势较高的地方，易排水，易清扫消毒，便于采光和通风。

（2）有饲料槽和水槽，顶上加棚，防雨雪、防晒。

（3）笼舍要确保动物不能逃逸，且具有一定的活动空间。

（4）易变质食物如窝窝头、肉投喂后，动物未采食完的食物要在食物变质前清理干净，以保证笼舍与饲具干净、卫生。每周对笼舍环境消毒2次，发生疾病时根据实际要求增加消毒次数。做好灭鼠、灭蚊、灭蝇、灭蟑等病媒生物防治工作。

七、康复评估与放归野外

（一）康复及野化训练

根据动物的伤病情况，全力进行康复治疗。当动物完全康复后，制订有针对性的野化放归计划，并予以实施。一般情况下，野生的救护后圈养时间不超过12个月的成年个体，基本不需要进行专门的野化训练，因为它们的野外生存能力还没有完全丧失，可以直接放归野外。如果圈养时间超过12个月的成年个体，则需要进行野外生存能力培训。越是圈养时间长的动物，野化训练就越难。对于救护的幼龄小仔（1岁以内），则需要进行比较全面的野外生存能力培训。

（二）放归评估

1. 健康评估

放归前，需要对放归的动物进行几个方面的评估，即表象评估、生理生化指标评估、自我觅食能力评估等。各项指标均达到标准的，证明该动物健康状况良好，具备野外生存能力，可以实施野外放归。

2. 生境评估

实施动物放归前，需要对放归地点的生境进行评估，评估内容包括食物、天敌、种群状况等。各项评估指标适合动物生存的，则可实施放归。

（三）放归的注意事项

（1）寻找距居民区较远的地方，避免因放归给当地群众造成伤害和农作物损失。

（2）在实施放归时的运输最好提前采取非麻醉装笼。

（3）应坚持原栖息地放归的原则。

（4）要考虑放归的季节问题，最好在春夏季草木比较茂盛的季节进行放归。

（5）对于营集群性生活的动物，一般外来的个体很难被野外群体接受，尤其是成年的雄性个体。因此，应选择雌性亚成体进行放归，而成年或老年雄性个体一般不宜放归，对其应进行收容饲养。

八、放归管理

　　世界自然保护联盟就已康复的动物是否适合放归野外的问题，提供了颇为详尽而清晰的指引。应遵从这些经深入研究的原则，把指引应用于本地情况中。基本上，只有被确定为本地基因原产地而身体状况极好（没有寄生虫和疾病，或是直接来自野外、从未接触过其他动物）的原生动物，才可考虑放归野外。放归野外可为动物带来极大压力，因为动物必须尝试在已有的族群中建立自己的领土，同时要在陌生的地方寻觅足够食物。放归地点是考虑放归的一大重点。在可能情况下，应先翻查显示野生族群数目的现有资料，以确保在放归动物的地方，同类的群落既不是早已饱和，该地也不是有关动物不应该存在的地方。

　　有些动物只能慢慢地从放归地点渐渐延伸领土，所以放归地点必须能让动物存活，也应有足够的庇护。应避免在同一地点进行多次放归，尤其是领土意识强或延伸领土缓慢的物种，因为它们会使放归地点迅速达到饱和。

　　个别动物不能即时适应放归野外的生活（尤其是长期经人工饲养，或是在人工饲养下迅速被驯化得较"聪明"的物种），我们需要一个"瞒过"动物，把它们带返野外的机制。通常这种方法会把动物的围篱放在放归地点范围内7~14天，然后在不强迫动物离开围篱的情况下让动物得以自行进出围篱。经过数天后，动物应能自行探索四周环境，重返围篱觅食。饲喂的食物应逐渐减少，数天或数周后更应停止供应，以鼓励动物渐趋独立。在"隐瞒"期间，人类出现在放归地点的频率应减至最低。这是一个要求甚高的程序，但成功与否却不获保证。在选择该方法前，应先慎重考虑该动物的保育价值。

　　在可能情况下，获放归的动物应接受监测。假如它们遇到困难，应再把动物捕捉，接受新一轮的复康饲养，同时另外制订放归策略。

　　对于某些已康复的动物，放归野外未必适合。假如动物是外来物种或濒危物种，应把它重新安置在长期人工饲养场，让它参与已认可的人工饲养保育繁殖计划。

　　非原生但稀有的物种虽然可以接受康复计划，但它们也应在下列各项中选择其中一项：一是转往其原产地范围内的保育设施，以备将来放归野外；二是参与人工饲养保育繁殖计划；三是用于教育用途。

放归兽类动物一般分为两类。第一类是直接放归（硬性放归）：兽类会从康复地点直接被带到放归地点，即时获得自由（图3.5）。第二类是软性放归：在一段时间内多次把动物带往放归地点，使之渐渐降低对人工资源的依赖。硬性放归让康复员花费最少时间，对于只经短期人工饲养的动物最为适合，或者也适用于需从轻伤（伤势只需经数天人工饲养）中康复的动物。

如动物经长期人工饲养（数周或数月），它们较适合软性放归。围篱需放在放归地点，让动物能熟悉放归地点的环境。在熟悉阶段，人类的探访和接触应减至最低。待动物熟悉放归地点的环境后，应开启围篱的门，让动物大胆自行离开。虽然如此，对动物的饲养和监测仍要继续，但应视动物对野生环境的反应和动物重返围篱的频率在数天或数周内逐渐减低。

图3.5 兽类硬性放归

在某些情况下，动物或许永不重返围篱，因此持续供应食物变得多此一举。可是，即使没有迹象显示动物曾重返围篱，食物仍应继续供应数天才停止。

最有效的监测方法包括无线电和卫星追踪（图3.6），但其中涉及的成本和资源，可能只能对保护价

图3.6 佩戴追踪器的斑羚

值高的物种安装佩戴。较简单的监测方式可以是为动物做出显眼的标识或卷标（如耳朵卷标、发夹和使用染料）。这些方法使得在远处外仍可通过直接观察或者遥控摄像机辨别动物身份。

九、兽类救护注意事项

（一）灵长类动物的救护注意事项

（1）捕捉或保定前拟订方案，明确分工。切忌无方案、人员分工不明确。

（2）对体格健壮、力量大、神经质、易伤人的灵长类动物首选串笼捕捉法和压缩保定法。

（3）由于灵长类动物的行动敏捷，头颈部转动比较灵活，捕捉和保定时要注意安全，以免被咬伤。

（4）对幼小的灵长类动物使用的力度要适度，切勿用力过大，以免动物受到伤害。

（5）捕捉和保定的时间不宜过长，如发现动物有过度气喘、应激过大时应停止捕捉或保定，以免造成动物应激而死亡。

（6）由于动物的天性，每群动物刚一分群时总要打架以确定首领。即使是同一群，从这一栏转移到另一个栏后，也要分出胜负。争斗的时间一般为1~2个星期。因此饲养员要经常巡视，防止动物打架受伤。有条件的还要在大栏内设一些隔板、大口径PVC管等，可以使动物在打架时有地方躲避。

（二）食草类动物的救护注意事项

对于具有攻击性的食草类动物，必须保持高度的警惕性，防止其对救护人员或周围的民众造成伤害，特别是马属动物会踢人，操作中捕捉保定人员切勿站在马属动物身体的后面。需做好自身安全防护：第一，穿戴的服装尽量紧身、利索、迷彩；第二，鞋子需要高腰、防滑；第三，实施救护人员需要反应机敏、行动敏捷。

食草类动物捕捉保定前的准备工作应当对以下问题进行评估。首先，仅进行捕捉保定能否完成计划程序，该过程是否会对动物造成明显伤害。如果会，是否考虑使用麻醉药物。其次，在不危及动物和人员安全的前提下，能否实施捕捉保定程序，工具、设备和人员是否合适，是否有进行捕捉保定经验的操作人员。再次，确定捕捉时间，制订程序，分工明确，各司其职，各负其责。进行捕捉时，要保持安静，勿大喊大叫，应统一指挥，动作要迅速准确。另外，还应考虑动物个体的具体情况，如动物的自卫"武器"是什么、怎样保护操作者、可能发生哪些意外情况等。

1. 保定注意事项

（1）要了解动物的习性，动物有无恶癖，并应在饲养员的协助下完成保定。注意做好动物和人的安全防护。

（2）对待动物应有爱心，不要粗暴对待动物。

（3）应根据动物大小选择适宜场地，地面平整，没有碎石、瓦砾等，以防动物损伤。选择的用具如绳索等应结实，粗细适宜，而且所有绳结应为活结，以便在危急时刻迅速解开。

（4）无论是接近单个动物还是群体，都应适当限制参与人数，切忌一哄而上，以防惊吓到动物。保定时要根据实际情况选择适宜的保定方法，做到可靠和简便易行。

2. 捕捉工具

（1）麻绳、棉绳或尼龙绳，用于捆绑或套被捕捉动物。

（2）竹竿与绳套合用。

（3）长把扫帚既可用于防护保定者，也可用于驱赶动物。

（4）抄网由铁圈、网兜和木把构成，适合捕捉小型动物。网兜口径40~50cm，网长80~100cm，网眼5cm。

（5）捕网坚固、耐磨。长3~5m，宽1.2~1.5m，可以人工撒网，也可用枪械发射捕网。

（三）小型兽类的救护注意事项

首先进行外观的检查，如果动物的情况不稳定，例如有外科急症，要立刻通知兽医进行治疗。如果动物有气喘、恐慌等情况，让其休息30分钟，重新检查，需要兽医从旁协助。如果动物有脱水症状，可以注射乳酸钠林格溶液（依照兽医的建议）。大型兽类的救护同样适用。

通常使用柔软的网、皮手套和布袋胶箱等。通常可以在手套保护下捉住动物的颈项，如鼠类、小型猴类等体重范围小于5kg的动物。

1. 兽舍及设施

（1）兽舍和活动场架树干或栖板，兽舍设置天然材质和形状的巢穴。

（2）兽舍和运动场应采光好、通风、干燥。

（3）北方地区冬季饲养温度，豹猫、金猫、荒漠猫的为5℃～15℃，兔狲的为0℃～5℃。

2. 饲养要求

（1）兔狲、豹猫每日每只喂饲料200～400g，金猫每日喂1次牛羊肉600～1000g。

（2）注意补充矿物质及维生素。注意活食的添加，如鸡、兔、白鼠等。在活食来源充足时，可每周饲喂2次活食。新救护的成兽因恐惧常不进食或少食，若能饲以活食则效果更好。

（四）大型兽类的救护注意事项

大型兽类通常是体型较大、凶猛、力量大、敏捷、凶残的肉食动物，有些种类又具有很强的合作性和很强的攻击性。因此野外救护大型兽类动物时，必须保持高度的警惕性，做好自我防护，防止在救护过程中，对救护人员或周围的民众造成伤害。

救护保定需使用坚固的金属箱或木箱，引诱动物自行进入，然后注射镇静剂。此办法适用于如野猪（图3.7）、大型灵长类和中型猫科动物等体重为15～100kg的动物。

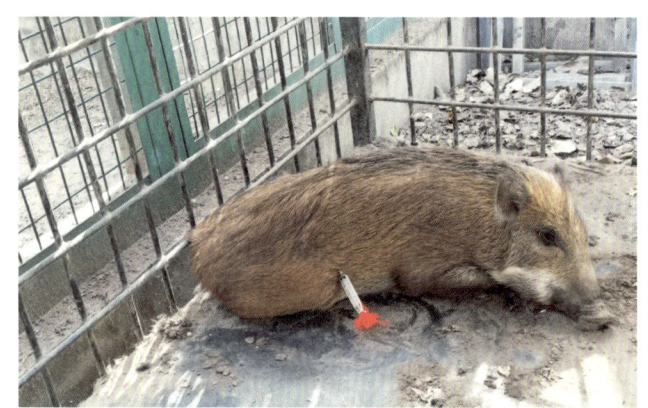

图3.7 野猪麻醉

1. 兽舍及设施

（1）兽舍和活动场所设置供磨爪、活动和休息用的栖息架。室内以水泥地面为主，室外以土地面为主，要种植低矮灌木和杂草。

（2）兽舍要求通风和光照良好，室温不低于0℃。

2. 饲养要求

成年动物单独饲养，注意补充矿物质、维生素以及防暑降温。注意活食的添加，如鸡、兔、白鼠等。在活食来源充足时，可每周饲喂2次活食。新救护的成兽因恐惧常不进食或少食，若能饲以活食则效果更好。

（五）穿山甲的救护注意事项

穿山甲被捕获时所致伤害和运输过程中本能企图逃逸的挣扎致伤情况极为普遍，应及时处理好伤口，防止炎症加重。同时因长时间的被困，也易造成脱水、体虚，水和食物要及时提供。穿山甲四肢、尾巴强健有力，逃逸挣脱性强，装运笼箱（图3.8）最好内壁平整、缝隙小、牢固可靠，尼龙袋也是一个很不错的选择。另外，救护笼舍设计在防逃逸方面要考虑周全。

图3.8 利用木质笼箱单笼运输穿山甲

对于新救护的穿山甲，需开展体况检查（图3.9）。

1. 体况检查

（1）皮肤与鳞片

健康的野生穿山甲多数鳞片边缘存在磨损的现象，不存在明显的鳞片的甲床损伤。但在人工救护的穿山甲中却很常见，所以对收容救护的穿山甲要重点检查鳞片下皮肤是否发炎或有无寄生虫。身体严重虚弱的穿山甲有时会在口腔、鼻孔、眼睛和脚垫周围出现较难愈合的溃疡性皮肤损伤。

（2）眼睛与鼻周

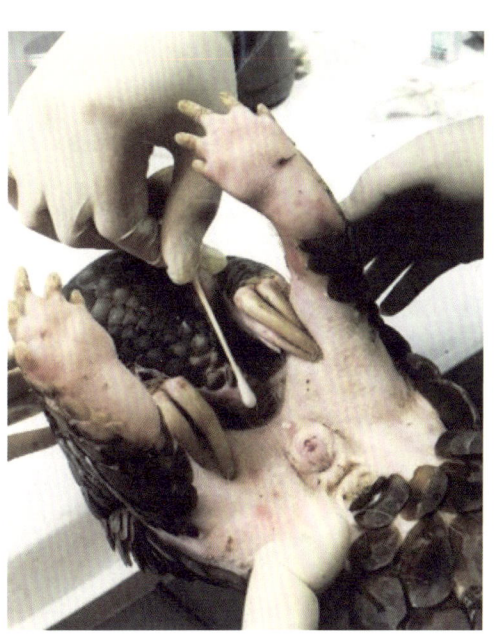

图3.9 穿山甲体况检查

眼周与鼻周脓性分泌物的有无可判断救护的穿山甲是否存在炎症感染。健康的穿山甲眼周较为湿润甚至有轻微的泪痕，以及有少量的浆液性鼻液流出。

（3）口腔

由于穿山甲没有牙齿，所以一般不做牙齿检查。穿山甲的口腔较为狭窄，很难进行口腔检查，但可以通过将其麻醉后用内窥镜进行口腔检查。身体严重衰弱的穿山甲可能在舌体或口腔粘膜上有溃疡。穿山甲的唾液腺发达，使得穿山甲嘴边及口腔咽喉处经常会有许多黏液，应避免将其作为呼吸系统疾病的判断依据。

（4）肌肉骨骼检查

由于穿山甲被覆鳞片，当人工救护的穿山甲受伤时，很难发现肌肉和骨骼的损伤，脊椎的损伤则更难发现。通过观察穿山甲的行走姿势、攀爬动作以及触诊躯干及脊柱骨骼，来判断穿山甲骨骼是否损伤。同时可开展影像学检查（X光、CT）进行诊断和验证。

穿山甲四肢的爪和周身鳞片锋利且收缩有力，实施救治操作时要戴好手套，并且不强行按压其躯体使其产生强烈的应激反应，以免伤害自身及动物。

2. 主要疾病及治疗方法

穿山甲的疾病种类主要有外伤、寄生虫病、肺炎等。疾病治疗方法如下：

（1）外伤。在捕获、运输、饲养过程中，穿山甲的躯壳、四肢、口等部位发生擦伤、损伤、压伤。症状为局部红肿，组织坏死，有脓汁（图3.10）。治疗方法：对新鲜创伤应先止血，纱布压迫，严重者敷止血敏止血，然后清洗伤口，再用消毒药物（93%双氧水、0.5%高锰酸钾）擦洗，以防感染。大的创口应结扎止血或缝扎止血。对陈旧、化脓的创伤，先将创口扩大，将创内的脓汁、坏死物质清除，使创伤形成新鲜创面，再依新鲜创面的处理方法治疗。

（2）寄生虫病。穿山甲因其野外生活的自然环境和食性，不管是体表还是体内都普遍存在许多寄生虫，所以对于刚接收的穿山甲，

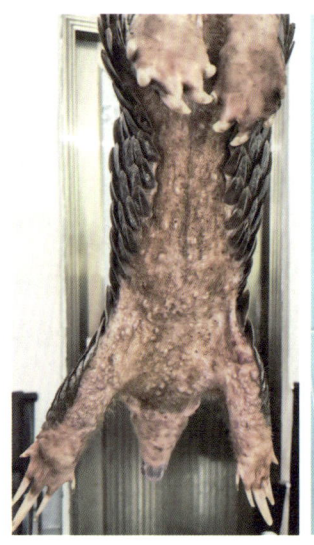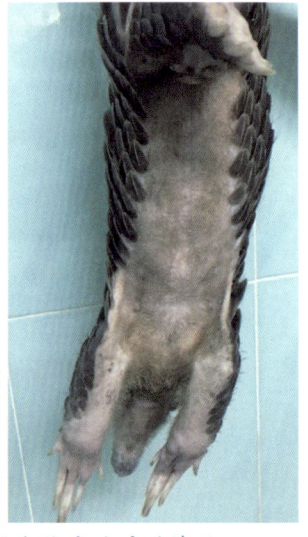

图3.10 穿山甲救护个体皮肤病的诊治
（左为治疗前、右为治疗后）

驱虫是不可或缺的工作内容。寄生虫的种类主要有蜱、绦虫、线虫、锥虫等（图3.11）。驱虫药物有阿维菌素、丙硫苯咪唑、左旋咪唑等。片剂、针剂使用均可达到驱虫的目的。若与敌百虫合用，可扩大抗虫驱虫范围。驱虫用药后，间隔1周再用1次即可。

（3）肺炎。使用盐酸洛贝林肌肉注射，一次1 mg，每日2次，第2日停用。头孢曲松钠给药80 mg/kg，每日2次，肌肉注射，可连续注射5日观察。

（4）体内灌服异物。对于非法贸易环节中查获移交的穿山甲，发现多被灌服玉米糊、石膏、水泥等。这种情况要先排除体内异物，再进行救治。

（5）行为应激。穿山甲生性胆小，人工救护的穿山甲多数在非法贸易过程中经历长途运输与转移、人工灌食等，这造成穿山甲高度的应激反应，导致代谢紊乱，具体表现有个体蜷缩、禁食、嗜睡、休克、脱水等。对于刚刚收容在救护场的个体应先为其提供安静、黑暗、温暖的环境，并适当地开展环境丰容。笼舍内应放有可供其攀爬的木架（图3.12）和游泳的水池，以满足其在自然环境下的行为表达。笼舍内应全方面安置监控设备以便观察和记录穿山甲的行为。刚刚收容的穿山甲在最开始的稳定期（收容2~3天）应在水中添加葡萄糖及电解质，以保障能量的供应和缓解应激反应。当稳定期度过后合理安排饮食，以白蚁等天然食物诱食为主，让其自主开口进食人工饲料。

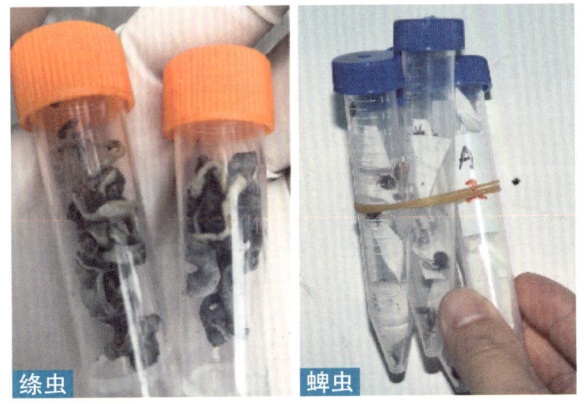

图3.11 体内外驱虫后穿山甲个体排出的虫体

图3.12 添放木制爬架供穿山甲行为表达

3. 饲养管理

（1）饲养环境。穿山甲饲养笼舍最好由室内和室外两部分组成。室内和室外的内墙壁必须平整光滑，室内部分具有保温（空调、加热垫或保温灯）保湿设施并保持通风透气。笼舍内大部分区域用黏土，在水泥地面的基础上铺上一层黏土（厚5~20 cm），角落处铺些树叶或干草，放置木桩、树干等供其攀爬及休息。同时也可再在室内砌几间小格间（0.8 m×1 m×0.8 m），小格间上方盖有木板，里面垫上一些稻草便于其栖居、躲藏和冬天保温（图3.13、图3.14）。墙壁悬挂取暖装置及温湿度测量计，温度控制在20℃~30℃，湿度在50%~70%。为了便于观测、记录，最好安装监控系统。室外部分要有光照，铺有一小水池供其饮用、戏水，种植一些灌木供其攀爬和躲藏。

（2）饲养护理。穿山甲胆小机警，较难开食，稍有风吹草动便蜷缩起来，这对人工喂食工作也造成了很大困难。所以为穿山甲调配出适合的食物引起它们的食欲很重要。食物应加水搅拌均匀，放入食盆中，而非将食物、水分盆饲喂。动物抗饥饿的能力强于抗干渴的能力，失水20%则会导致动物死亡。穿山甲没有牙齿，所以应将穿山甲饲料制成流质食物，在穿山甲饮水时可摄入饲料，可起到促进其开食的作用（图3.15）。每日检查吃食情况，适当调整次日食物配比与数量。注意保持环境安静，人员需要观察时从观察窗观察，避免直接进入而引起动物恐慌。每日清洁粪便，保持环境卫生。

（3）饲料种类。穿山甲的食物主要有葡萄糖粉、干蚂蚁及昆虫粉、牛奶、鸡蛋和电

图3.13　可控制遮阳帘营造黑暗环境

图3.14　提供土堆让穿山甲进行打洞训练

解质及多种维生素。饲料应维护动物水盐代谢平衡，在补充能量的同时保证动物机体矿物质的摄入。现已发现在107种元素中有60种以上的元素能在动物组织器官中找到，其中已确定有27种矿物元素为动物组织所必需的元素。每天饲喂1次，饲料量为其体重的5%~10%。

图3.15　添放不同的饲料进行人工诱食

4. 救护、饲养经验

对于刚收容的穿山甲，都要用3‰的高锰酸钾溶液进行清洗（如果是在气温较低的季节要用温水）。然后仔细检查穿山甲有无创伤和体外寄生虫。如发现创伤要及时处理，体外寄生虫主要是蜱虫，如果是较大些的蜱虫要用镊子清除。特别值得注意的是，穿山甲的创伤和体外寄生虫很大一部分都主要是在鳞甲下面，假如不逐片拨开细心查看是难以发现的。收容救护的穿山甲有的体内被灌注流体物质或沙石，对肠胃消化系统的伤害极大，有时那些被灌注的物体堵在里面根本无法排泄出去，这种情况一般很难救治成功，但可尝试一些有利于促进排泄的方法。对于刚收容的穿山甲，第一、二天添加饲料相对而言不是特别的重要，首要的是第一时间给穿山甲补充体液，放置一份葡萄糖盐水，最好加些奶粉。由于穿山甲的取食方式特殊，在饲喂过程中，最好不要将食物、水分开放置得相距太远。食物以固体粉末为主，加奶粉、牛奶或鸡蛋、水搅拌混合成糊状。要注意观察分析，逐步改进饲料配方，对饲料的营养及适口性加以调整，并将食物与水同时置于安静舒适的环境。如果有已救护成功的穿山甲个体，在确保新收容的穿山甲体况良好的情况下，两者放在一起，前者对后者的进食诱导能起到一定的积极作用，可以加快其在人工饲养条件下自主进食进程。另外，在气温低于10℃的情况下要进行人工加热保温。

5. 救护期疾病的预防

（1）增强疫病防控意识。在穿山甲救护期，要做好疾病防控计划，饲养管理人员及时了解掌握穿山甲传染病的流行特点和发病状况，掌握相关的治疗措施，增强对穿山甲常见疾病的防控意识。

（2）加强环境卫生控制。针对穿山甲对环境温湿度要求较高的特点，合理控制环境的温湿度，避免因环境过度高热高湿造成动物不适。定期对笼舍内进行消毒，配制一定浓度的杜邦卫可（过硫酸氢钾复合盐消毒粉）溶液喷洒笼舍内的地面和周围环境。此外，定期用3‰的高锰酸钾溶液为穿山甲洗浴消毒，并及时更换垫料。减少噪音，营造安静自然的笼舍环境，加快穿山甲对人工景观的适应过程。

（3）规范日常管理。对于穿山甲救护期的日常饲养，应做到全封闭式管理，防止病原微生物的传播和感染。根据救护穿山甲个体的实际情况制订相关的饲养方案，并定期到各个穿山甲救护场所进行培训和交流，总结饲养管理的策略，提升救护饲养技术。明确饲养管理人员的行为规范，增强饲养管理人员的责任意识。做好日常饲养管理记录，并及时向技术人员汇报异常情况。

（4）建立疾病监管体系。随着陆生野生动物疫源疫病监测防控体系的不断成熟，同时应注重救护野生动物的饲养管理网络的建立，筹备相应检测仪器及设备，组建高素质、高技术的专业防疫队伍，建立穿山甲疾病防控体系，减少救护期穿山甲疾病的发生与传播。

6. 野外放归的注意事项

穿山甲在我国分布有三种，目前野外红外相机拍摄到的有两种，分别是中华穿山甲和马来穿山甲，目前资料显示野外数量极少或濒临灭绝。穿山甲放归（图3.16）前一定要先确认物种，同时对于已康复的穿山甲要求体格健康、行动敏捷，没有明显的创伤，并且人工饲养的时间不长的才可

图3.16　穿山甲个体放归

作放归选项。放归地要在有分布地区的保护区中人烟稀少的林地生境，即使这样，放归的时间还需在气温相对高的季节（5—11月）的暖和日子。放归后要等穿山甲远离视线后，放归人员方可离开。放后不宜做过多的宣传，以免不法分子产生不良的想法，即使要对外宣传也要隐去放归的地点。

7. 小结

穿山甲疾病诊治实施的成效很大程度上决定了救护期穿山甲的成活率。在疾病的诊治过程中，严格把控救护笼舍的环境卫生要求。注意观察穿山甲日常行为的细小变化，结合救护个体的实际情况，多方面考虑，逐步构建科学、系统的疾病诊治体系，最大限度降低穿山甲的发病率和死亡率，提高救护成功率。

第四章
两栖爬行类救护

一、两栖爬行类识别

两栖爬行类属于脊索动物门，主要分为两栖纲和爬行纲。

两栖纲是指一类在个体发育中经历幼体水生和成体水陆兼栖生活的变温动物。这个类群绝大多数都是亦水亦陆的种类，也有少数种类终生生活在水中，那是登陆后重返水域的次生性现象。现存两栖动物都是从侏罗纪以后才出现的，它们的身体结构及器官机能方面，既保留着原祖的水栖特性，又获得了一系列适应陆地生活的进步特征，居于两者的中间地位。

现存两栖动物的体型大致可分为蚓螈型、鲵螈型和蛙蟾型。蚓螈型的代表动物有蚓螈等。鲵螈型的代表动物有各种蝾螈和鲵类。蛙蟾型的代表动物为各种蛙类和蟾蜍（图4.1、图4.2）。

爬行纲是指体被角质鳞或硬甲、在陆地繁殖的变温羊膜动物，是一支从古两栖在古生代石炭纪末期分化出来产羊膜卵的类群。它们不但承袭了两栖动物初步登陆的特性，而防止体内水分蒸发以及适应陆地生活和繁殖等方面，获得了进一步发展并超过两栖类的水平。爬行类是真正的陆栖脊椎动物，同时古爬行类还是鸟、兽等更高等的恒温羊膜动物的演化原祖。因此，爬行纲在脊椎动物进化中占有承上启下和继往开来的重要意义。爬行纲在中生代曾盛极一时，种类和数量极其繁多。由于栖息地的丧失和退化、入侵物种被引入等原因导致其种类和数量减少，现存种类只包括鳄、蜥蜴、蛇和龟等（图4.3、图4.4）。

第四章 两栖爬行类救护
CHAPTER 4

图4.1 黑斑蛙

图4.2 花背蟾蜍

图4.3 球蟒

图4.4 豹纹陆龟

二、捕捉运输

（1）用尼龙袋子或牢固的铁笼、木箱，可以在运输过程中有效防止其逃逸（图4.5）。

（2）因其野外生活的环境和食性的关系，它们往往都带有大量病原体。因此，在开展救护工作时，工作人员需穿戴好手套、防护服，以防被抓伤、咬伤。除虫是两栖爬行类救护过程中不可或缺的环

图4.5 捕捉缅甸蟒（王猛/摄）

节。尽早开展驱虫工作能够降低其死亡率，提高救护成功率。

（3）运输过程中，一个笼舍的动物密度不宜过大，否则很容易因挤压而造成窒息死亡。

（4）在日常的接收救护工作中需要有完善的救护工作制度，并且严格按照规则进行，才能保障人和动物的安全。

三、初步住所

所有新接收的两栖爬行类，均应先接受3个月的检疫。若该两栖爬行类在接收时有患病迹象，更应延长隔离时间。应把受创伤和患疾病的动物安排住在长期饲养康复笼舍。长期饲养康复笼舍是具备基本设施且卫生条件非常好的笼舍，让兽医或护理员在治疗动物时可以轻易接触动物。国际救护机构和两栖爬行类爱好者都认为，两栖爬行类不难适应小面积的围篱。救护机构有时会因为执法部门破获非法动物贸易，而突然要接收和照顾大量的两栖爬行类。在这种情况下，我们建议为两栖爬行类提供附有基本设施的隔离笼舍。很多两栖爬行类在人工但卫生清洁的环境下能生活得很好，只要其他环境因素（如温度和湿度）符合该两栖爬行类的要求即可。

不同的两栖爬行类应各有正确的人工饲养环境（温度、紫外线和湿度根据不同的物种准确设置）。所有隔离笼舍的温度均须准确调校，要确保所有笼舍都有饮用水的水源和给动物的藏身场所，因为新接收的两栖爬行类大都缺水和备受压力。盛水的器皿不可太大或太深，以降低脆弱的动物溺水的风险。陆栖的爬行类应住在简单而安宁的住所内。对于树栖物种，应为它们预备攀爬物。很多树栖物种都会因为能在高处休息而更满足。淡水水栖物种和大部分两栖类都必须要有注满清水的笼舍，盛水器皿的底部可以散布小石子。然而，笼舍内也要有陆地，这样既可让动物休息，也可以随时保持身体干爽。对于半水栖物种，它们需要两个藏身之处：一个在水中，一个在陆地上（图4.6、图4.7）。其他陆栖两栖类如蟾蜍（如蟾蜍属，*Bufo* spp.）和蝾螈（如疣螈属，*Tylototriton* spp.），它们的笼舍必须有一个浅的盛水容器，并用湿润的落叶或水苔作为垫材。适用于两栖爬行类的藏身处其实有很多选择，只需确保彻底消毒和清洁便可。可提供较人工化的藏身处，如包括切开一半的花盆、切边的胶管和加设了门槛的纸皮箱等。

图4.6 大批罚没龟的基本隔离饲养环境

图4.7 鳄鱼的安置环境

要避免心情紧张或急躁的动物在尝试逃走或经骚扰后碰撞出口时伤害自己，可以在初期把收容救护的动物放在幽暗甚至完全漆黑的环境中。要达到这种效果，除了把动物放在漆黑的房间外，也可用报纸或布料覆盖围篱。若把两栖爬行类放在新的环境中，大部分都会因为环境漆黑、安静而保持宁静，减少压力（图4.8）。

在安顿好动物后，可以给它们喂食。在收容救护的两栖爬行类中，即使因被捕捉和运输而受到精神创伤，也有超过50%的概率会马上进食，对大部分蛇类和蜥蜴来说更明显。但是，大型爬行类（如巨蜥和蟒蛇）必须给它们正确的环境温度，而且最少在喂食后24小时内不与它接触，否则它可能会呕出食物。

经过检疫后，如动物没有任何患病迹象并且开始进食，则可以考虑将它转往较大而且有各种环境配置的笼舍。这时，救护机构要考虑有关动物将来最理想的处置方式（如人工饲养、放归或重新安排其他住所）。

图4.8 营造的幽暗饲养环境（卢远宁/摄）

四、检疫隔离

野生两栖爬行类大多都携带寄生虫，收容救护时必须隔离观察一段时间，除虫、消毒之后才可以和其他动物一起饲养。同时，要检查其健康状况。

五、饲养条件要求

两栖爬行类多为冷血动物，新陈代谢对自然环境的温度（适宜温度25℃~32℃）极为依赖。食物代谢更是这样，生活在阳光照晒不足、温度太低的情况下是无法充分代谢食物的。较高的温度能促进它们的新陈代谢，这有助于它们消化食物并抵抗疾病。

饲养笼舍最好由室内和室外两部分组成。室内部分主要满足在气温低时便于加热保暖的功能。地面的角落处可堆放一些干草或架设一些可躲藏棚架。通常情况下，当温度低于10℃时就要考虑人工加热保暖。室外部分要有光照，除了要挖砌一个水池外，还要在空地上种植一些灌木，再放置一些树枝供其攀附和躲藏（图4.9、图4.10）。

图4.9　陆龟室外饲养环境（卢远宁/摄）

图4.10　两栖爬行类的笼舍环境

饲养笼舍应定期换水，否则因温度高，水中又有排泄物和吃剩的饲料，这种环境会导致病菌增长，所以，如果是箱养应每天清洗换水，池养也要尽可能地换水。另外投喂点应固定，不要经常更换。

六、食物饮水要求

通常两栖爬行类为肉食性动物，常用的食物饲料主要有动物内脏、肉类以及被养殖场淘汰的鸡苗、鸭苗等。

饲料多建议使用死去的肉食饲喂，这样有几点好处，首先这类食物较为卫生，其次也不会出现猎物伤害到被饲喂动物的情况。但是有些动物只会接受活生生的食物，所以在饲喂的时候，可以根据不同的类型，分别给予不同的食物。对于将要放归野外而训练的动物，应该尽量给予活的食物，这样才能保证其野性和活力。对于伤病个体及不能放归的外来动物，可以给予非活体肉食，这样可以方便其采食并且有助于恢复伤病个体的体能。对于将要长时间在人工环境下饲养的动物，可以投喂市场上开发的人工合成饲料以降低成本。

七、康复笼舍要求

（1）控温、控湿：在自然环境中适应了潮湿环境的动物，如果被迫在空气干燥的饲养环境中生活，就会导致它们的呼吸系统出现各种问题。

（2）安静卫生：场地环境要求安静，水源卫生清洁。

八、放归评估及注意事项

放归前一定要确保为本地物种，同时对于已康复的动物要食欲良好、行动敏捷的才可作放归选项。放归地要在有分布地区的红树林、沼泽、保护区山林的溪流等生境，即使这样，放归的时间还需在气温相对高的季节（5—11月）的晴天。切记放归前最好做一次驱虫的工作。

九、两栖爬行类康复后处置

（一）放归自然

动物完全康复后，经过体检、测试、野外驯化等项目评估，具备野外觅食、生存能力的，选择适宜的地点、时间，放归自然。放归时，应对动物标识，开展追踪监测和评估。

（二）科普宣教

经林业主管部门审批后，不适宜野外放归的康复动物可委托有条件的饲养单位进行饲养，没有传染性疾病的死亡动物尸体可制作成标本，发挥其科研、科普宣传教育功能。

（三）无害化处理

为防止死亡动物污染自然环境，防范疫病发生和流行，必须对动物尸体进行焚烧、深埋等无害化处理，并做好档案记录。

十、两栖爬行类救护注意事项

两栖爬行类种类较多，我们分别以鳄蜥和有毒蛇类作为代表物种，展开两栖爬行类的救护注意事项说明。

（一）鳄蜥的救护注意事项

1. 笼舍要求

饲养场地（图4.11、图4.12）按功能区划分为救护区（隔离池）、繁育区和生态放养区（生态园）三个功能区。救护区（隔离池）主要用于患病鳄蜥的隔离治疗。繁育区又分为繁育池、待产池和育幼池三种。其中，繁育池主要用于繁殖交配鳄蜥的放养，待产池主要用于产前怀孕母鳄蜥的单独放养，育幼池主要用于当年小鳄蜥及一周龄前幼鳄蜥的放养。生态放养区（生态园）主要用作驯养，园内鳄蜥只作半人工喂养管理。

图4.11　鳄蜥饲养池（1）（刘传金/摄）

图4.12　鳄蜥饲养池（2）

要求尽可能遵循鳄蜥的自然生态习性，池内划分为陆地区和水域区，设计水深20~25cm。建设规则如下：

（1）内外壁贴光滑瓷砖或放置玻璃，防止它逃逸。

（2）池内水域区布设进水、排水和溢水口，保持水位稳定。

（3）繁育池需搭建防晒棚，高度2m左右，铺设防晒网，再种植便于修剪的常绿藤本遮阴植物覆盖棚顶。

（4）池内陆地区配备简易的供鳄蜥躲藏和越冬的洞穴，在池内种植绿色阴生植物或常绿小灌木，并在池内放几根枯木供鳄蜥攀爬及静伏。

（5）池内水域摆放3~5个石块，以刚露出水面为宜，有助于保持鳄蜥遇险跳水避险和攀爬能力。

（6）出入水管口要加网塞，室外池面加网盖，以防鳄蜥逃逸和避免天敌进池。

（7）在无污染的山沟中引水，经蓄水塔后直接引到场地使用。禁止使用消毒剂对水体消毒，以避免破坏水体的酸碱度和有益菌。池内可以放养一些体型不大的小鱼（如小泥鳅），以帮助净化池内水体，减少鳄蜥发生各种疾病。

2. 饲养管理

定时定量喂食：①定时：夏初至秋末期间，当气温高于22℃时，要在11点之前或16点后喂食。初冬、春末，气温在18℃~22℃时，要在11点至15点喂食。喂食时，要密切注意是否有鳄蜥不进食、少食，是否有活动不方便或者不出来觅食的，如果有则要及时查明原因，并及时汇报处理。对于抢不到食物者或不愿进食、身体饥饿瘦弱的鳄蜥，要进行人工填喂，要确保每一条鳄蜥都能吃到食物。②定量：鳄蜥是变温动物，同其他爬行动物一样，野外条件下，一次自由进食量占其体重比例可高达50%以上。根据多年经验，成蜥喂食量控制在其体重比例5%~10%（15~30g），幼蜥、亚成体食量控制在其体重比例8%~20%为佳（不满1个月的幼蜥除外），以肚子吃饱为圆柱形偏向纺锤形为宜（七八成饱），以减轻鳄蜥肠胃的负担。

食物主要以蚯蚓、大麦虫、面包虫为主，至少每两个星期更换一次；如有条件，每月喂一次小泥鳅、蟋蟀、小鱼等活体，增加食物种类，避免食物的单一性。如有条件，在繁育池正上方安装定时昆虫引诱灯，在夏、秋两季19点至21点定时引诱昆虫供鳄蜥食用，以增加鳄蜥食物的多样性。食物要尽可能新鲜，喂食后注意及时清理食物尸体。

注意事项：每年3、4月，鳄蜥冬眠苏醒后有采食欲望时才能喂食。开始喂食时要避免饲喂高蛋白、高脂肪和难消化的大麦虫、面包虫等，建议投喂蚯蚓，喂食数量和喂食次数要由少至多逐渐增加。在10月以后（冬眠前），按照鳄蜥自由进食投喂，不要再限制其食物量，以保证鳄蜥储存充足的能量安全过冬。

3. 越冬处理

（1）在每个鳄蜥池中的陆地区构建越冬用的、相对自然的越冬巢穴。例如，在池内高地建造越冬窝，越冬窝使用瓦或砖做成约60cm长、12cm宽、6cm高，一端封闭，一端仅留一个弯曲的、大小仅容鳄蜥出入的洞口；在越冬窝的瓦片或砖块上铺盖5cm左右厚的泥土用以保温。

（2）待鳄蜥入巢穴越冬后，需在巢穴上面覆盖一些遮蔽物（如芭蕉叶），以提高鳄蜥的越冬存活率。

（3）在极端低温时，要经常巡查，避免鳄蜥在低温时失去知觉溺水死亡或失水。早中晚做好巡护，气温低于10℃时，要将出窝的鳄蜥放进窝里。

（4）避免干扰。

4. 疾病管理

在鳄蜥人工饲养过程中，常见疾病主要有皮肤病、肠胃病、肺病和外伤等。

日常巡查发现鳄蜥出现不进食、反应缓慢等情况应进行检查。检查项目包括：

（1）四肢。

①是否有溃烂或受伤。

②是否有菌斑、红肿。

（2）头体。

①是否有溃烂或受伤。

②是否有菌斑、红肿。

（3）尾巴。

①是否有溃烂或受伤。

②是否有菌斑、红肿。

③是否有尾巴折断。

（4）口腔。

①上下颚是否有溃疡或其他异常。

②牙齿是否有脱落、牙周是否有发炎或溃疡。

③舌头是否肥肿或溃烂发炎。

④是否有异物在口腔。

（5）粪便。

检查粪便是否正常（正常的大便一般为黑色颗粒状，小便为石灰水状）。

体检一旦发现鳄蜥患病应及时隔离并查找病因，并且在兽医的指导下进行治疗并做好病情记录、用药记录（图4.13）。

5. 鳄蜥谱系和日常饲养管理档案

（1）鳄蜥谱系档案。鳄蜥的尾纹具有特异性，因此需为每个放养的鳄蜥的尾纹拍照登记（图4.14），并建立个体信息卡片（身份证）。卡片中以尾纹为背景，记录有编号、性别、来源（父母本）、出生日期、代数，记录建档保存。需要移动鳄蜥时，信息卡要跟到一起，做到"身份证"随身带，避免种群谱系混乱。

图4.13 鳄蜥疾病及治疗照片（吴雄光/摄）

图4.14 鳄蜥的尾纹

（2）日常饲养管理档案。管理人员每天早、中、晚各巡查一次，检查池内鳄蜥数量。检查监控是否正常工作，对交配、产仔等视频录像片段进行备份和保存。建立鳄蜥的遗传谱系和日常饲养管理档案，并将每只个体的所有数据统一归档。

（3）医疗档案。医疗档案内容除了包含鳄蜥的遗传谱系信息、编号及相关的救护信息，还需要对疾病的表征，疾病的检测与确定，以及后续治疗的具体流程和动物的治疗状况进行细致的记录和描述。

（二）有毒蛇类的救护注意事项

（1）有毒蛇类的接收救护全程需要两人以上参与，且救护过程中要做好防护措施，避免救护人员被蛇咬伤。

（2）有毒蛇类移交时需要做到双层包装，第一层用布袋（图4.15），第二层用指定装蛇箱。如未按照要求做好双层包装进行移交手续，救护机构人员有权拒收。

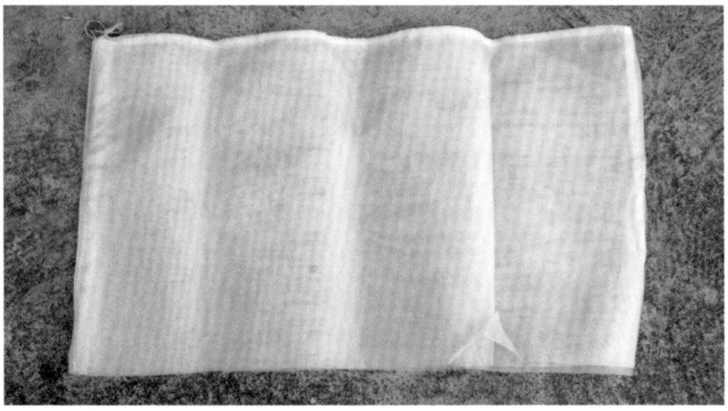

图4.15 装蛇用布袋

（3）救护机构接收救护的有毒蛇类需要在专门的存放位置存放饲养。

（4）有条件的救护机构储备抗蛇毒血清，以备不时之需。

第五章 常见疾病及治疗

一、疾病的传播途径

许多野生动物疾病能够在动物之间传播，也可以从动物传染给人类。控制疾病的各类传播途径是野生动物救护工作者和野生动物救护机构需要高度重视的一项重要工作内容。

野生动物疾病的起源和致病因素是多种多样的，了解掌握疾病的危害和传播途径对动物饲养、救护、控制野生动物疾病的传播具有重要意义。一般疾病的传播方式主要有以下几种：

（1）直接传播。疾病通过直接接触，直接地从患病动物个体传染给其他个体（咬伤等）。

（2）间接传播。包括一或多个中间宿主（昆虫传病媒介），比如外寄生虫叮咬或捕食物种间进行传播。

（3）间接传染。包括气溶胶粒子或污染物（比如空气传播、饲养器具、食盘水盘、笼内物品等）。

每一种传播方式都有一种有效的方法来中断传播途径。野生动物救护工作者在动物饲养、救护过程中一定要注意个人卫生和饲养卫生，及时有效地阻断各种疾病传播途径和方式，预防各类疾病的传播，保证个人和动物的安全。例如经常清洗和更换工作服，饲养用鞋和长靴应该保持清洁，清洗掉粪便、污物和笼舍垫料。在动物尸检或打扫动物笼舍期间，必须使用一次性的手套和外科口罩，食物、饮水应该在专用的管理用房等。

二、常见疾病检测方法

快速正确诊断动物疾病是救护工作的重要环节，也是采取有效救护措施的关键。

（1）临床诊断。临床诊断是最基本的方法。救护人员利用感官或借助一些仪器设备如听诊器、X光机（图5.1）、B超仪（图5.2）等，直接对动物进行检查，有时也通过血检、粪检、尿检等。根据临床症状，判断动物的患病情况。

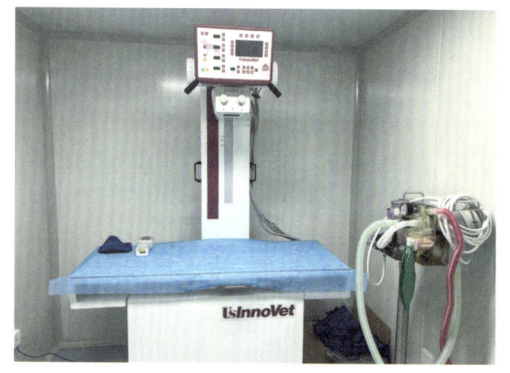

图5.1　X光机

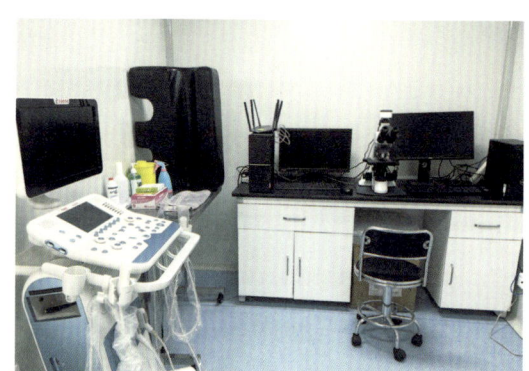

图5.2　B超仪

（2）流行病学诊断。通过流行病学、传染源、传播途径和传播方式等的调查来诊断疾病。

（3）病理诊断。通过对死亡动物尸体进行剖检，根据病理变化诊断疾病。

（4）病原学诊断。通过微生物学方法，对动物样品进行镜检、分离培养、动物实验等方式诊断疾病。

（5）血清学诊断。对可疑病例的血液生化进行检测，通过血液指标的变化来诊断疾病。

三、检测项目

新接收的动物应该进行常见疾病的常规检查，在救护期间也要时常复查。

如果救护中心条件允许，可以进行下列检验：

（1）体重、营养。

（2）外观检查。

（3）X光检查。

（4）血液、生化检查。

（5）支原体、衣原体检查。

（6）沙门氏菌检查。

（7）禽流感。

（8）寄生虫检查。

（9）死亡动物的剖检。

四、兽类常见疾病及治疗

（一）兽类几种常见伤病的诊断

1. 外伤

通过检查体表、天然孔，触摸皮肤、四肢等方法，诊断动物是否有外伤、骨折、关节脱臼等。

2. 疾病

通过按压脏器部位、听诊、观看天然孔、检查大小便等方法，初步诊断动物是否患皮肤病、心肺疾病、消化道疾病、泌尿道疾病等。

3. 中毒

主要通过观察是否有神经症状、是否有大小便失禁、是否有天然孔出血等，判定动物是否中毒。

（二）常见伤病的现场治疗技术

1. 脱水

脱水可分为低渗性、等渗性、高渗性。新救护动物经过长时间运输及摄入量不足，应激大，消耗机体能量多，必定存在一定程度脱水，此类动物应属于高渗性脱水。我们可根据动物具体情况给予补水，补水以糖水为主（口服）。根据动物体重、脱水程度估算补液量，首次以补充每日需水量的1/3～1/2为宜，分多次补足每日需要量，以达到纠正动物脱水状态及恢复各脏器正常循环运转的目的。

2. 应激

动物产生应激反应，机体各系统必定受到了不同程度的应激性损害，尤其是呼吸系统、消化系统。应激过大造成消化系统胃肠迟缓，胃内容物囤积发酵极易引发感染。可依据防感染、消食导滞、抗应激、保肝护肾原则，给予抗生素、维生素、田七胃痛胶囊、保和丸、保肾康等药物进行预防。

3. 外伤

动物如有外伤，可根据伤口程度进行外科处理，一般外伤则按清创消毒、外科手术缝合（图5.3）等处理。

（1）肌肉挫伤或断裂致出血。

①肌肉注射止血药、镇痛药，同时建立静脉输液通道。

②对断裂的肌肉进行手术清创缝合处理。

③如出现休克症状，出现呼吸衰竭、心率减慢或减弱情况，马上

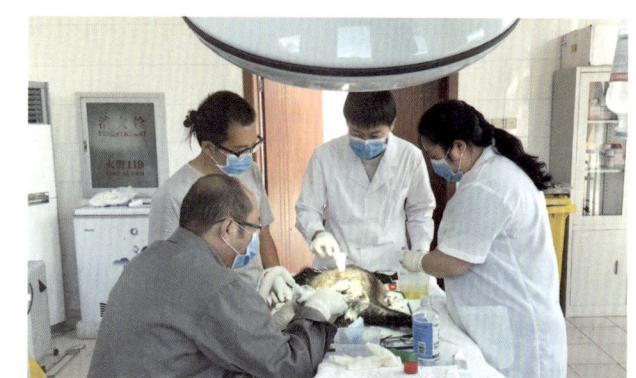

图5.3　兽类手术治疗

进行抗休克抢救，静脉输给尼可刹米4 mL，肾上腺素2 mL，多巴胺5 mL，并同时有节律地按压动物胸部进行仿人工呼吸，直至动物恢复自主呼吸。

（2）血管断裂致大出血。

①马上进行加压包扎止血（四肢血管损伤或断裂时）或使用止血带止血（股静脉或股动脉等大血管损伤或断裂时）。

②肌肉注射强效止血药（立止血）和镇痛药。

③建立静脉通道补液，静脉输给止血药K_3和止血敏、立止血。

④对断裂血管部位进行皮肤肌肉切开，进行局部清创和血管清创缝合复通术。

4. 咬伤

（1）轻微咬伤。伤口可直接涂擦碘酊，全身注射抗生素即可。

（2）咬伤较深。可用双氧水、0.1%高锰酸钾、生理盐水等冲洗伤口，然后用炉甘石、磺胺粉等撒布伤口。伤口太大的进行缝合，同时应用抗生素肌肉注射治疗3~4日。

5. 皮肤脓肿

可手术打开脓包放出脓汁，然后用双氧水、0.1%高锰酸钾、生理盐水等彻底冲

洗脓包腔，最后给脓包腔中涂撒抗生素干粉，同时肌肉注射抗生素。

6. 骨折

（1）四肢非开放性骨折。一般采用外固定方法进行治疗。颈椎、胸椎、腰椎、肋骨等非开放性骨折一般要运输到专业救护机构进行治疗。

（2）四肢开放性骨折。现场首先止血，然后采用外固定方法先固定，等送到专业救护机构后再采用内固定方法或外固定方法治疗。

如果现场无法采用内、外固定方法治疗的，或粉碎性骨折的，可以考虑现场实施安乐死。

7. 腹泻

腹泻是指排便总次数增加，粪便稀薄或带黏液脓血及未消化的食物。

（1）腹泻病因。

①感染性腹泻：肠道病毒、细菌、真菌、寄生虫感染及全身感染。

②炎症性腹泻：指不明原因的肠道炎症性疾病，如溃疡性结肠炎。

③胃源性腹泻：萎缩性胃炎。

④肝胆源性腹泻：肝硬化、肝内胆汁淤积性黄疸、慢性胆囊炎、胆石症。

⑤胰源性腹泻：慢性胰腺炎、胰腺癌、胰腺囊性纤维化。

⑥肿瘤性腹泻：胃泌素瘤、血管活性肠肽瘤、小肠淋巴瘤、结肠癌。

⑦功能性腹泻：肠应激综合征、甲状腺功能亢进、肾上腺皮质功能减退及糖尿病等所引发的腹泻。

（2）腹泻预防。

①保证食物卫生、干净。

②易变质食物如窝窝头、肉投喂后动物未采食完的，要在食物变质前清理干净，以防动物采食变质食物导致肠道感染。

③保证笼舍、饲具干净与卫生，每周对笼舍环境消毒 2 次，发生疾病时根据实际要求增加消毒次数。

④做好灭鼠、灭蚊、灭蝇工作。

（3）腹泻治疗。

根据实验室检查结果确定腹泻的病因，采取相应的治疗。

①止泻剂的应用：病因未明之前，腹泻急性期不宜马上用止泻剂。只有在查明病因治疗时，或者严重腹泻导致脱水时，方可使用。

②解痉剂的使用：腹泻伴有痉挛性腹痛时可应用。

③前列腺酶抑制剂的应用：阿司匹林、消炎痛等前列腺酶抑制剂可用于分泌性腹泻。其机制为减少前列腺酶生成，从而减低cAMP水平，达到减少分泌的目的。

④维生素制剂的应用：由于长期大量应用广谱抗生素导致肠道菌群失调而引起的腹泻，可给予维生素制剂。

8. 感冒

（1）症状。由于感冒并不导致动物身体的虚弱，从运动特征上无法区分是否感冒。只是通过发现病体流涕、喷嚏、咳嗽后将疑似患病动物隔离检查，加以确认。

（2）感冒的治疗。可给予一般感冒药物如维C银翘颗粒、小儿氨酚黄那敏颗粒、重感灵等制成水剂灌服，伴有咳嗽者，加用一般头孢类抗生素预防感染。效果不好者可考虑抗病毒治疗，用金刚烷胺或甲基金刚烷胺，每日2次，灌服。或以病毒唑5 mg/mL溶液滴鼻，每2小时1次，热退弱后改每日4次，连续2日。

（3）感冒的预防。除了做好保温外，目前较为有效的办法是食醋消毒法。

①空间消毒法：将食醋一份与水一份混合，装入喷雾器，紧闭门窗后喷雾消毒。

②熏蒸（煮）法：将门窗紧闭，把醋倒入铁锅或砂锅等容器，以文火煮沸，使醋酸蒸气充满笼舍，直至食醋煮干。等容器晾凉后加入清水少许，溶解锅底残留的醋汁，再熏蒸，如此反复3遍。食醋用量为每间笼舍150 mL，严重流行高峰期间可增加至250～300 mL，连用5日。

9. 肺炎

肺炎是原分布于热带和南亚热带的动物的高发病，动物往往是因着凉感冒后没有被发现，当发现其咳嗽时，以为是感冒，将其隔离后进一步检查才能确诊。

（1）症状。通常以感冒为由将动物隔离后，进一步检查如发现有寒战、高热、咳嗽、呼吸困难、嗜睡、昏迷、双肺满布湿啰音，X光检查双肺散布絮状或结节状阴影等症，便可确诊为肺炎。

（2）肺炎的治疗。根据实践，症状较轻的通常选用青霉素类，症状较重的采用头孢菌素类产生的效果比较理想。由于肺炎发病较快，而一般做药敏试验要花24小时，通常等不及药敏试验报告。一旦发现患有肺炎，就先用青霉素类静脉注射。如果效果不理想，再用头孢菌素类或根据药敏试验报告进行用药。

10. 中毒

立即使用抗痉挛、抗休克的药物，然后尽量调查清楚毒源，再针对毒源进行解毒治疗。

11. 溺水

首先清理呼吸道，保证呼吸畅通，然后迅速实施心肺复苏治疗。

12. 其他

对于被遗弃小仔，如果没有疾病和外伤等，主要是提供奶源（图5.4），同时防止消化道感染。

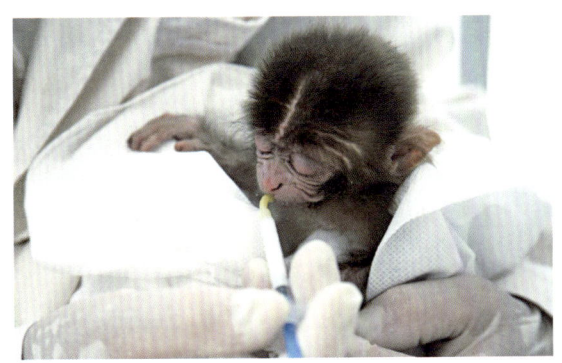

图5.4　猕猴人工哺乳

五、鸟类常见疾病及治疗

（一）非猛禽类疾病及治疗

非猛禽类常见疾病有应激、外伤、营养代谢性疾病、病毒性疾病、细菌性疾病、寄生虫病以及中毒性疾病等（表5.1）。

表5.1　非猛禽类常见疾病

疾病类型	疾病种类
营养代谢性疾病	维生素A缺乏症、B族维生素缺乏症、维生素C缺乏症、维生素D缺乏症、维生素E缺乏症、维生素K缺乏症等
病毒性疾病	新城疫、禽流感等
细菌性疾病	大肠杆菌病、沙门氏菌病、葡萄球菌病、坏死性肠炎等
寄生虫病	鸡球虫病、鸡盲肠肝炎等
中毒性疾病	有机磷中毒、食盐中毒、药物中毒等

1. 饥饿

排除疾病因素后,需根据救护动物食性准备饲喂食物及饮水。若不能主动进食,则人工填喂,情况严重者暂缓填食。补充葡萄糖、生理盐水等(图5.5),支持机体机能。

2. 营养代谢病

营养代谢病是由于某种或几种营养

图5.5　北京雨燕人工补液

缺乏而引起的,如软骨症是由于缺乏维生素A而引起,鸟类产软蛋、薄壳蛋是由于钙磷缺乏或不平衡引起,治疗方法是补充维生素A、维生素D、维生素E(乳化维补)。啄羽、脱毛症是由于缺乏氨基酸引起,治疗方法是补充氨基酸(氨基肽能)。

3. 中暑寒冷

一旦发现中暑后应立即将动物移至阴凉的地方,每隔一段时间喷洒1次冷水,同时给予清凉的饮水。情况严重的在翅膀的静脉血管处,用消毒三棱针或普通缝衣针由前向后沿静脉血管平刺0.1~0.3 cm,流出污血即可。

遇到因寒冷受困的动物立即将其转移到温暖环境中,注意保暖,避免冰冷饮水及饲料。若有冻伤,则对症治疗。

4. 昏迷

昏迷主要表现为完全意识丧失,随意运动消失,对外界刺激的反应迟钝或丧失,但是还有心跳和呼吸。很多原因均可导致昏迷,如低血糖、感染、缺氧、失血过多等。

治疗昏迷动物时需要及时清理气道异物,保持患病动物呼吸道通畅。供氧,对呼吸异常者提供呼吸支持(面罩气囊、气管插管、呼吸兴奋剂等),对抽搐者给予地西泮类药物,对高颅压者给予脱水药物等。通常需根据导致昏迷的原发疾病及病因采取有针对性的治疗措施,如针对低血糖的补充糖类、针对感染的采用抗生素治疗、针对缺氧性昏迷的供氧、针对出血的止血等。

5. 应激

针对呼吸微弱(或过于急促)、心跳无力(或过快)、体温下降(或上升)、不能站立行走、对外界刺激反应弱的动物个体，所采取的应急治疗方法为肌肉注射头孢拉定0.5 mL、地塞米松0.5 mL、盐酸洛贝林0.5 mL。并把鸟类放到温暖安静的环境内，情况特别紧急的可以放置到ICU动物护理病房中进行急救。

对救护的个体应进行补液。轻度脱水可口服。中度脱水可皮下注射，部位在腹股沟或背肩无毛区。一般补液3日，溶液为复合氯化钠注射液，补液前应将注射液升温至与鸟体温接近。第1日按体重的5%皮下注射2次，第2～3日按体重的3.7%每日皮下注射2次。

6. 外伤

（1）浅表性伤口（图5.6）。此类伤口一般不对动物生命产生威胁，但需注意防止机体失血过多。用生理盐水将伤口外部的污物清洗干净，运用乙醇、碘伏、新洁尔灭、双氧水、高锰酸钾、乳酸依沙吖啶等皮肤黏膜与创伤的防腐消毒剂，情况严重的酌情给予缝针，外敷或内服止血（维生素K、止血敏、柠檬酸钠、肝素等）、消炎（青霉素类、头孢菌素类、四环素类等）药物，配合补液。

（2）深度伤口（图5.7）。此类伤口要将伤口内外异物处理干净，彻底清创以后才能缝合。严重者打破伤风针，配合消炎药物外敷内服，防止炎症产生。术后护理非常重要。

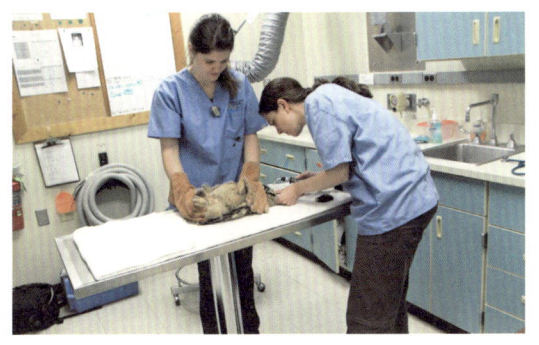

图5.6 浅表性伤口处理（田恒玖/摄）

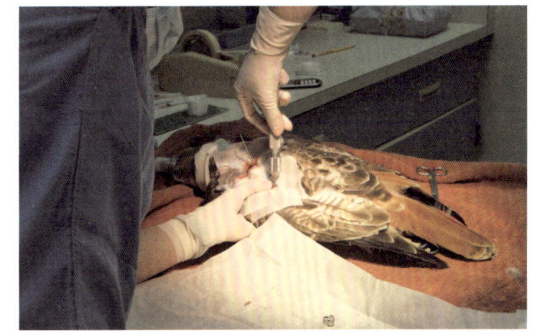

图5.7 深度伤口处理（田恒玖/摄）

7. 骨折

骨折有时会造成大量失血，因此需液体治疗。通常由于骨折，会发生其他损伤。鸟肢体缺少软组织时通常为开放性骨折，且会损伤周围组织的血管及神经。股骨骨折时，翅膀背侧或中部常出现血泡。必须合理排出异物、清洗伤口，进行微生物培养及包扎伤口。

应用X光检查骨折情况，稳定鸟的骨折部位。通过外固定器稳定翅膀、股骨和胫腓骨，可以避免肌肉收缩、骨折部位再次移位，进而避免了更多手术修复以及更多软组织损伤。清理开放性骨折部位，合理闭合，包扎伤口。常用的固定方法有外固定（小夹板、石膏绷带、外固定支架、牵引制动固定等）（图5.8）和内固定（通过手术切开用钢板、钢针、髓内针、螺丝钉等固定）。另外开始治疗时使用美洛昔康和适宜的抗生素（通常对于开放性骨折，克林霉素是不错的选择，但应该对伤口进行微生物培养）。尺/桡骨远端、掌骨、跗跖骨骨折时，需要使用异克舒令。

图5.8　包扎固定

8. 泄殖腔疾病

卵滞留、便秘、泄殖腔口疼痛和腹泻等偶尔会导致输卵管、泄殖腔和部分直肠等脱出。有些鹤形目的雏鸟无论是否腹泻都可能发生泄殖腔脱出。在某些病例，应激也被认为是造成泄殖腔或直肠脱出的一种因素。如果可能，就要确定是哪个器官脱出，并针对病因进行治疗，人为整复泄殖腔。一定要将泄殖腔脱出和泄殖腔中突出的增生物区分开。

对于中度的脱出，可以涂擦润滑油润滑后把脱出的组织整复。对于严重的病例，要用高渗性液体（50%葡萄糖）清洗，以减轻肿胀，然后整复。戴手套的手指或光滑的试管（去针头注射器）有助于抑制脱出。为防止再次脱出，需要将泄殖腔用荷包缝合法缝合。荷包缝合法缝好后，必须细心观察几天，确保鸟能正常排便。如果是产卵期的鸟，缝合只能保留到产卵前1天左右。一定要消除造成脱出的潜在病因，对于病情严重的，必须清除坏死组织或部分切除脱出器官。对这类疾病，预后要慎重。

9. 病毒性疾病

病毒性疾病又称传染性疾病，可传播感染，如马立克、新城疫、禽流感、传染性法氏囊病、传染性支气管炎、传染性喉气管炎、传染性鼻炎等。病毒性疾病要用抗病毒药物治疗。防治本病重要而有效的措施包括隔离传染源、切断传染途径及免疫预防。

疱疹净、环鸟苷对DNA病毒，如疱疹病毒感染等有一定疗效。病毒唑、干扰素为广谱抗病毒药，对DNA和RNA病毒均有抑制作用，可用于防治病毒感染和免疫系统疾病。金刚烷胺对流感有一定疗效。黄芪多糖和香菇多糖可用于治疗传染性法氏囊病、禽流感等。中草药对减轻一些病毒性疾病的症状、缩短病程有一定的疗效。治疗时根据情况配合使用抗细菌药物，防止继发感染。

在病毒性疾病中要特别注意禽流感。禽流感通常表现为急性症状，患病动物严重虚弱，会在几天内死亡。症状包括精神沉郁、过度嗜睡、呼吸困难、眼内及鼻内有分泌物、乏力、食欲缺乏。每年10月至次年4月为禽流感高发期。

在适宜的实验室进行血凝和血凝抑制试验、禽流感抗体血清学检测。采集脏器及肛拭子、咽拭子分离病毒。如果不按血凝素（例如H5，H7，H9）分型，至少分为高致病性禽流感和低致病性禽流感两类。制备样品时，血清至少0.4 mL，肛拭子、咽拭子置于PBS缓冲液中。样品低温保存，尽快交与实验室。需在24小时内解剖尸体，并在24小时内上交适当的检测机构进行禽流感检测、病理学分析。尸体存放于4℃冰箱（不能冷冻）。

10. 细菌性疾病

细菌性疾病是由细菌感染引起的，如大肠杆菌病、支原体病、沙门氏菌病等，用抗生素治疗。及时选用适当的抗菌药物（抗生素、磺胺类及抗菌增效剂、硝基呋喃类、喹诺酮类等）是治疗的关键。革兰氏阳性球菌感染可选用青霉素、红霉素、头孢菌素等。革兰氏阴性杆菌感染则选用庆大霉素、头孢菌素及半合成广谱青霉素。厌氧菌感染则首选甲硝唑，也可选用青霉素、氯霉素、氯洁霉素等。应注意早期、足量并以杀菌剂为主。一般两种抗菌药物联合应用，多自静脉给药（图5.9）。首次剂量宜偏

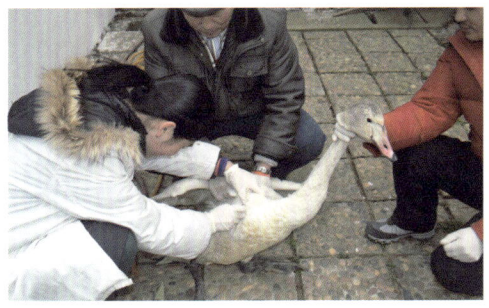

图5.9　注射治疗

大，注意药物的半衰期，分次给药。

11. 寄生虫病

寄生虫病是由寄生虫引起的，如球虫病、线虫病、绦虫病、吸虫病、组织滴虫病等（图5.10），球虫病用抗球虫药治疗，氨丙啉、氯吡醇、地克珠利、莫能菌素等对球虫有效。伊维菌素或阿维菌素、多拉菌素对线虫有效。吡喹酮对吸虫、绦虫和囊尾蚴病有效。三氮脒是广谱的抗血液原虫药，对锥形虫、梨形虫和边虫均有效，是治疗锥形虫病和梨形虫病的高效药，但预防作用差。咪唑苯脲对梨形虫病有治疗和预防作用。甲硝唑对多数专性厌氧菌的原虫均有强效。

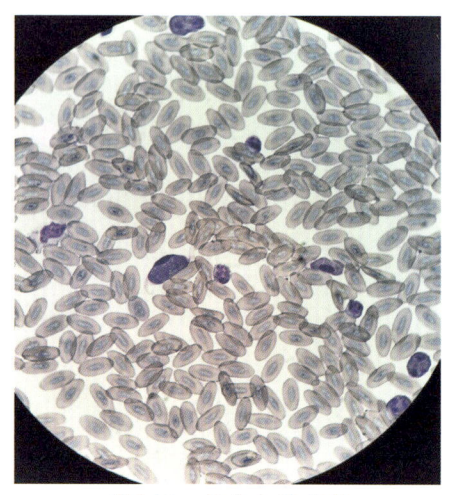

图5.10 住白细胞原虫
（北京猛禽救助中心/供图）

危害动物的体外寄生虫主要有螨、蜱、虱、蚤、蚊、蝇、蛆等。敌百虫、敌敌畏、倍硫磷、环丙氨嗪、氯苯脒、升化硫等对体外寄生虫有效。使用时需注意浓度及使用时间，防止动物吸食抗寄生虫药物，造成中毒。

组织滴虫病宜用甲硝唑50 mg/kg，口服，每日1次，连用5日。球虫病用药时应采用轮换用药和穿梭用药，常用药物及喂药方法为0.0001%地克珠利混饲、0.0125%尼卡巴嗪混饲或0.0025%妥曲珠利溶于饮水中，同时在饲料中补充维生素A和维生素K。消化道线虫病宜用丙硫咪唑20～50 mg/kg，或左旋咪唑25 mg/kg一次口服。体表寄生虫病用0.005%溴氰菊酯喷洒鸟类身体、笼舍，同时用阿维菌素1 mg/kg预混剂拌料饲喂，每周2次，至少连用2周。

12. 中毒性疾病

中毒的正确诊断是一项严肃的工作，不但关系到动物健康，而且涉及有关的保护政策。由于有毒物质不像某些其他致病因素那样引起不同的综合征，因此中毒的诊断主要通过辨析、分析症状、了解病理变化、开展动物试验和毒物分析等综合分析，才能提出准确的诊断依据。

毒物分析是确诊中毒性疾病的最有效手段，但在日常诊断中因为毒物分析的成本和复杂程度往往很少使用，而且毒物分析的结果要结合临床表现和尸体解剖等综合分析才能做出准确的判断。动物试验对缩小毒物范围很有帮助，尤其当某种物质涉及真菌性、细菌性或植物毒素的时候，人们可以应用动物试验来复制病例。

总的来说，中毒的诊断要全面了解病史，详细观察症状和进行尸体剖检，毫不延误地做毒物分析和病理组织学检查，如此才能迅速做出适当的诊断。

（1）硝酸盐和亚硝酸盐中毒。这类中毒在一般情况下游禽很少发生，但鸟类在栖息觅食过程中若误饮含硝酸盐过多的灌溉用水，或割草沤肥的坑水可能会引起中毒。主要表现为以血液缺氧为特征的症状，如可视黏膜发绀、呼吸困难、肌肉震颤、无力飞行等，有可能出现流涎、腹泻、呕吐等消化道症状。可用亚硝酸盐简易检验和变性血红蛋白检查确诊。

亚硝酸盐简易检验：取胃肠内容物的汁液一滴，滴在滤纸上，加上10%联苯胺液1~2滴，再加上10%醋酸1~2滴。如有亚硝酸盐存在，滤纸则变为棕色，否则不变色。

变性血红蛋白检查：取血液少许于小试管内，与空气振荡后，在有变性血红蛋白的情况下，血液不变色（仍为暗褐色）。健康禽血液则由于血红蛋白与氧结合而变为鲜红色。

治疗方法：现用的特效解毒剂是美蓝（亚甲蓝）静脉注射，不可作皮下、肌内、鞘内注射，药物使用剂量可根据实际情况进行合理的浮动。可配合使用一般解毒药（如葡萄糖、活性炭、泻药、维生素C、利尿药等）。治疗配合运用吸氧、催吐、对症处理及营养支持。

（2）药物中毒。这类中毒主要是动物误食、误饮或吸入沾染有毒农药、肥料、毒鼠药等化学药品导致。常见的有呋喃丹、氰化物、砷化物、有机磷等。因为毒药的种类不同，造成的症状也各不相同。相对而言呋喃丹因毒性大，作用快，摄入体内后短时间内就造成动物死亡，无治疗意义，在此不做讲解。

有机磷中毒动物一般因其胆碱酯酶活性降低，导致胆碱能神经过度兴奋，常常表现为身体瘫痪，头颈歪斜，羽毛污染无光泽，嘴流黏液，眼流泪，水便，眼珠干涩，触之无反应，身体干瘪，呼吸浅表，体温下降。

治疗方法：运用阿托品解有机磷中毒时，原则是及时、足量、重复给药，直至达到阿托品化。应立即静脉注射阿托品，后根据病情每10~20分钟注射1次。有条件最好采用微量泵持续静脉注射阿托品，如此可避免间断静脉给药而产生血药浓度的峰谷现象。需注意的是，中毒早期不宜输入大量葡萄糖、辅酶A、ATP，不宜使用维生素C。胃复安、西沙必利、吗啡、冬眠灵、喹诺酮类、胞二磷胆碱、维生素B_5、氨茶碱、利血平等均可使中毒症状加重，应禁用。

（3）霉变食物中毒。鸟类误食霉变食物中毒的情况很少见，但不排除食草类游禽在觅食中误食霉变食物的可能。通常霉变食物因有了各种霉菌的黏附繁殖，会导致食物表面或食物中含有霉菌分泌的毒素。最常见的毒素有霉菌毒素和黄曲霉毒素两种。

霉菌毒素的检验：取粉碎的可疑饲料200g，放入有塞的三角瓶中，加酸性乙醚乙醇混合液500mL，在冰箱内浸泡2~3昼夜，过滤，并用纱布挤出饲料中残留的液体，滤液在室温下挥干乙醚乙醇，即可作为检液。取检液1滴，滴于一小片滤纸上，在形成斑点上，再滴1滴邻甲氧基苯胺冰醋酸饱和液，把滤纸稍稍加热，如果出现橙黄色、棕色、樱桃红色或暗绿色，证明有霉菌毒素存在。

黄曲霉毒素的检验：取有代表性的可疑饲料2.5kg，分批盛于盘内，摊薄，直接放在功率100~125W、波长365nm的紫外线灯光下观察。如果存在黄曲霉毒素，可见到含毒素的颗粒发出黄绿色或蓝紫色荧光。若未见到荧光，可将颗粒捣碎后再观察，若仍看不到，则为阴性样品。

此类中毒的治疗主要针对致病性霉菌、真菌等病原本身或其分泌的毒素，因毒物种类复杂，尚无广谱解毒药物，最重要的是使得动物第一时间远离毒物。根据动物状态使用催吐或泻药，配合使用一般解毒剂。

（二）猛禽类疾病及治疗

1. 脱水

（1）脱水症状与评估。

①脱水5%：皮肤褶皱，眼睛干涩，口腔黏膜有些干燥，唾液发黏。

②脱水10%：皮肤褶皱严重，眼窝深陷，黏膜发黏，口腔分泌物增多，眼睛干涩。

如果猛禽有一段时间没进食,可能会有低血糖的风险,可口服或皮下补液。补液用的液体需加热后使用,使其温度与猛禽体温相同。5%的葡萄糖不可用于皮下注射。

由于惊吓或运输,刚接收的猛禽一般按照脱水10%计算。超过10%的脱水与低血容量性休克有关。

(2)补液方法。

①口服:适用于轻度脱水、未开食等情况(图5.11)。猛禽胃肠道蠕动缓慢或静滞、侧卧、无法正常抬头、癫痫或头部撞伤时,不宜口服补液。

②皮下补液:适用于中度和重度脱水、猛禽长期未进食等情况。将无菌生理盐水注射于猛禽腹股沟内侧裸区的皮下。注意小心避开气囊。

(3)补液量。

①脱水缺失量:5%(或10%)×体重(g)=缺失量(mL)。

②每日维持量:50 mL/kg。

③口服补液量最大值:40 mL/kg。

图5.11 猛禽补液

2. 虚弱

患慢性病或受伤后长时间饥饿的猛禽会非常消瘦,如果突然给它们吃下大量的食物,可能会导致它们的死亡。

当患病猛禽经历一段时间饥饿后,突然给予食物,其胰岛素分泌突然升高,细胞摄入葡萄糖、磷、钾、镁、维生素B_1增多,血液中电解质会缺失。长期营养不良的动物其肌肉组织会分解代谢导致酸碱失衡。把持和治疗动物造成的应激可能会加速电解质及酸碱失衡。低蛋白血症造成机体渗透压下降,影响血量及血压的恢复。脱水是再喂养综合征的主要症状。重度脱水会导致器官衰竭。

（1）轻度虚弱。

①临床症状：龙骨突指数（图5.12）大于2.0，血清总蛋白大于3.0 g/dL。

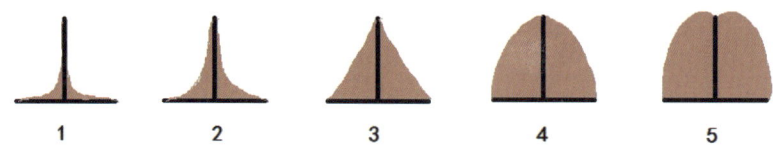

图5.12　龙骨突指数示意图

②治疗方法：对轻度虚弱的猛禽可消化道补液。另外皮下补液纠正脱水。

开始给予康复期食物时，总量分成3~4份，每次少量饲喂。一旦猛禽表现消化正常（平静吞咽，不呕吐、不腹泻或无其他症状表现），每次缓慢增加食量，饲喂正常食物（如带皮毛的整只小鸡或小鼠），然后每天减少喂食次数。

监测体重、粪便、嗉囊排空程度、嗉囊异常气味。

（2）中度虚弱。

①临床症状：中度虚弱的猛禽，龙骨突指数约为2.0，无脂肪，血清总蛋白2.0~3.0 g/dL，红细胞压积大于20%。

②治疗方法：可以联合给予低血容量和脱水时所需的电解质溶液量。根据血液生化结果，按所需添加钾、钙、镁、磷。

如果红细胞压积大于30%，给予右旋糖酐铁。红细胞压积低于正常，血检时应该可见强烈的红细胞再生现象，尤其注射右旋糖酐铁后3天内，注射后的第5天应该可见红细胞压积基本回归正常。

体温过低及其他问题出现时，应及时注意治疗。

（3）严重虚弱（饥饿）。

①临床症状：严重虚弱的猛禽龙骨突指数在1.5或以下，没有脂肪，血清总蛋白小于1.5 g/dL，红细胞压积小于20%，血糖小于16.5 mmol/L。

②治疗方法：必须按饥饿病例进行治疗。

这类病例死亡率非常高。死亡率与再喂养综合征有关。患此类病的猛禽面临脏器功能衰竭的危险，不能调节体温。需要保暖，非常缓慢、小心地口服给予营养物质。

严重虚弱常见于没有学会捕食的幼鸟、受伤或生病而无法捕食的成鸟、从非法驯鹰者手中罚没的猛禽，尤其在冬季、食物匮乏且猛禽捕猎能力降低时。

3. 眼疾

角膜荧光素染色可以检测猛禽角膜是否擦伤。

如果抗生素使用得当，且伤口不深，通常可以很快恢复。必须由兽医处理较深的损伤或瘢痕明显的陈旧伤。

一些鸮类（成年，有捕猎经验的某些种类）一只眼睛失明，仅一只眼有视力时也能够在野外生存。救护时，可由兽医移除失明眼睛的内容物（不是摘除）。而双眼视力不佳的猛禽在野外可能无法很好地生活。

猛禽头部创伤引发眼内凝血时，必须综合其他问题，如神经系统的异常，进行个体分析评估。凝血块通常能消退，只需要给予支持性治疗，并密切监测眼部不会继发其他疾病即可。

猛禽视网膜损伤、破损、晶状体脱位和眼内有异物时，通常预后不良。这类眼伤通常会进一步引起失明，最终使这一个体在野外很难存活。

4. 头部撞伤

（1）临床症状。神经症状；骨折、出血或颅骨、眼睑、鼻孔和耳朵可见瘀血；眼伤（瞳孔不等、眼前房积血、视网膜脱落）；眼球震颤；肢体瘫痪、局部麻痹；霍纳氏综合征；呼吸窘迫等。但鸟类一般能经受住严重的头部创伤且恢复。

（2）治疗方法。控制出血。如果鸟类呼吸窘迫，则需供给氧气。给药美洛昔康 0.2 mg/kg，口服。受伤后的 24~48 小时，临床症状可能会恶化。通常可见颅内进行性肿胀，预后不良。

不要使用甘露醇和糖皮质激素（类固醇类激素，如地塞米松、氢化泼尼松、泼尼松龙等）。

将猛禽安置在昏暗、安静的环境。笼内四周及地面加垫，避免鸟二次受伤。将毛巾折成环形，放在鸟的身下做支撑，不用栖架。猛禽在受伤后 24 小时内，神经症状可能更明显。在笼内放置栖架，可能导致其再次受伤。

最开始可以提供流质食物，不可超过 40 mL/kg。如果没有呕吐，排泄正常，可以提高混合食物的浓度或给予净肉（只有肌肉组织，没有骨骼和皮毛）。

5. 神经系统疾病

如神经系统症状系中毒所致，则先针对中毒进行急救。

严重癫痫时需治疗。静脉注射0.5~1.0 mg/kg地西泮或咪达唑仑。如果因为癫痫无法静脉注射则采用肌肉注射。根据需要重复注射，直到癫痫不再发作。仔细监测呼吸、心率。

支持性治疗出现其他神经系统症状的猛禽，如斜颈、无法平衡、共济失调、痉挛、迟钝、姿势不对称、动作不协调，与癫痫无关的震颤、抽搐、麻痹、瘫痪等，则需努力寻找导致神经系统症状的原因。

6. 中毒

猛禽吞食猎物或饮用污染的水可能有中毒的危险，最常见的致毒物是有机磷农药、肉毒杆菌毒素、铅和抗凝血剂（鼠药）。有些表面化学物质（如石油）或吸入剂也可能引发中毒。

首先需稳定动物，然后治疗休克、出血、癫痫及其他急症。

如果嗉囊存在内容物，尽可能多地移除。用手指或海绵钳缓慢移除猛禽嗉囊中内容物，防止消化液误入呼吸道。如果进行洗胃（生理盐水清洗嗉囊），必须采用气管插管，以保护气道。洗胃后，灌服活性炭，吸收残留在消化道的毒素。

如果是表面毒素并通过皮肤吸收，尽快用洗洁剂和温水清洗猛禽。洗涤灵可以很好地去除野生动物身体上的油污。

（1）有机磷中毒。

①临床症状：几乎没有创伤迹象。瞳孔对光反射显著减弱或消失，瞳孔放大或缩小。唾液分泌过量，胃肠道功能停滞，如嗉囊不排空。共济失调。急性瘫痪，如爪部紧握、呼吸急促、肌肉震颤，呼吸衰竭进而导致死亡。

②治疗方法：立即使用硫酸阿托品0.2~0.5 mg/kg肌肉注射，3~4小时一次，直至临床症状消除。

解磷定10~100 mg/kg肌肉注射，24~48小时一次，或6小时重复给药一次。有机磷中毒需在24~36小时内给药。与阿托品合用时，需使用较低的剂量。

癫痫时使用地西泮或咪达唑仑0.5~1.0 mg/kg，肌肉注射或静脉注射。

（2）抗凝血剂中毒。

通常为二次中毒，即捕食摄入灭鼠药的猎物后中毒。

①临床症状：有内出血迹象，休克、黏膜苍白、低血压。

②治疗方法：支持性治疗，治疗低血容量性休克。维生素K 0.2~2.5 mg/kg，4~8小时一次，口服直到稳定。稳定后24小时一次，口服连续14~28天。

（3）铅中毒。

对猛禽而言，当体内血铅水平超过20μg/g，具有显著临床意义，应该给予治疗。

①依地酸钙钠100 mg/kg，皮下注射或静脉注射。每天2次（每12小时一次），连续5天，停药2天，如果需要，连续使用2~5周。疗程取决于血铅水平（肝素抗凝全血）。用生理盐水稀释依地酸钙钠（不要用乳酸钠林格溶液），可以给予低阳性、未表现临床症状的鸟类。

②二巯丁二酸25 mg/kg，每天2次（每12小时一次）口服，连续5天，停药2天，连续使用3~5周。联合使用依地酸钙钠评估二巯丁二酸的效用，疗程取决于监测的血铅水平。

③维生素C 10 mg/kg，每天1次，口服或肌肉注射。

④维生素B_1 10 mg/kg，每天1次，皮下注射或肌肉注射。用作支持性治疗。

7. 油污

（1）临床症状。羽毛覆盖着油污。呼吸窘迫、癫痫、体温过低。低血糖、贫血、低蛋白血症。嗜睡、器官功能障碍。常见于石油产品中毒。

（2）治疗方法。检查血清生化值，评估肝、肾功能。动物稳定后，尽快用洗洁剂和温水去除油污。如果有条件，使用Dawn洗洁精，已证明目前此产品去除动物身体上的油污最有效。

保温、补液、补充营养，对并发症或继发症进行治疗。

8. 电击伤或冻伤

（1）临床症状。皮肤变色（严重、慢性病例为黑色）。皮肤冰冷，羽毛灼伤。水肿（特别翅尖及双爪）。

（2）治疗方法。用温湿布轻轻地按压患处15分钟。通常一天2次。严重、慢性病例，影响整个爪部或腿部或翅膀远端，此类伤病通常很难恢复。治疗体温过低、脱水等症状可用美洛昔康0.2 mg/kg，肌肉注射或口服，每天1次（每24小时一次）。在患处涂抹芦荟膏，并覆盖一层较轻的绷带，每天2次（每12小时一次）。球形包扎冻伤的爪部。对翅膀的患处可进行"8"字包扎。

抗生素可预防继发性细菌感染，可用阿莫西林克拉维酸钾50～75 mg/kg，每天2次（每12小时一次）。对易感种类预防性给予伊曲康唑。

9. 骨折

猛禽稳定以前，必须对骨折部位进行急救固定，可将骨折部位暂时固定在躯干上，同时给予美洛昔康，直到拆除身体包扎（如翅膀仍明显下垂须持续给药）。如果为开放性骨折，或需要开放手术修复，应给予抗生素。大多数的骨折需要进行手术修复。软组织肿胀消退时，才可以进行手术修复。因手术修复可能引起软组织损伤，若软组织肿胀仍进行手术，可能会导致组织坏死。

隼类猛禽会出现远端翅尖水肿的情况。翅膀远端骨折时，会先发生水肿，然后软组织肿胀。肿胀消退可能需要4～5日，此时骨痂也在生成，何时手术需要准确掌握。骨折部位如果错位，一旦形成骨痂，几乎无法恢复正常功能，需要破坏骨痂，再次骨折后手术修复。在同一部位骨折两次，一般无法良好愈合。

10～14日进行一次X光检查，坚持到恢复至骨骼重建的最后阶段。

密切观察绷带，确保所包扎组织的健康（无肿胀、磨损）。通常猛禽身体包扎会导致膝关节或龙骨突损伤。腿部夹板或绷带固定时，要密切观察爪部，避免发生脚垫病。应包扎双爪，且在脚底部加垫棉花。

物理康复治疗有助于骨折部位肌肉组织力度及灵活性的恢复。手术几天后，在呼吸麻醉状态下开始物理康复治疗。伤口愈合良好后，在没有呼吸麻醉状态下进行物理康复治疗，直到肢体正常，可以活动充分。

（1）尺骨或桡骨（骨折处的骨碎片没有错位）。对猛禽的翅膀进行"8"字包扎并固定于身体。必须隔天更换"8"字绷带并对肩、肘及腕关节进行物理康复治疗。

如果不进行物理康复治疗，不可以滞留"8"字绷带48小时以上。"8"字包扎的使用时间一定不可以超过1周。如果需要长时间接骨，务必采用骨针内固定。

恢复阶段开始后需要在呼吸麻醉状态下进行物理康复治疗，温和处理早期形成的骨痂。当骨痂牢固时，拆下"8"字绷带，这通常手术5日后可以进行。

结束"8"字包扎后，可能需继续将患肢固定在躯干上直到骨折愈合，物理康复治疗2周。结束猛禽身体包扎，再安置在笼舍中1周（不做物理康复治疗）。愈合期间每10日进行X光检查，检测骨痂形成情况以及骨折碎片有无错位。如骨痂大而稳定，翅膀不再下垂，可将猛禽安置于飞行笼舍。

（2）乌喙骨。治疗猛禽的乌喙骨骨折，只要绷带包扎即可（手术修复效果不佳）。将翅膀固定在躯干上2~3周（注意不是"8"字包扎），至少在第1周的第4日或第5日时，在呼吸麻醉状态下开始进行物理康复治疗。之后2~3周，在没有呼吸麻醉的状态下进行物理康复治疗。每10日进行一次X光检查。如果骨痂稳固，解开身体包扎，这通常在治疗3周后可以进行。

解开身体包扎后，至少在笼内安置1周。如果翅膀姿势正常，物理康复治疗时未表现疼痛，将猛禽安置于飞行笼舍。猛禽一旦安置在飞行笼舍就不用进行物理康复治疗，鸟类将通过飞行自身进行物理康复治疗。

如果猛禽的翅膀下垂或僵硬，再每周3次进行物理康复治疗，而接骨需要更长时间。如果翅膀严重下垂，一定要检测神经机能，这可能是神经系统问题，不仅仅是软组织无力或疼痛。

（3）跗跖骨。如果跗跖骨太小，无法进行内固定，可采取外固定。可以尝试罗伯特·琼斯绷带或热塑性夹板。夹板务必固定趾骨和爪部以稳定骨折部位。尝试脚趾间包扎，因为这样动物可以自主采食。

每隔10日进行一次X光检测，检查康复进程。

由于血液供应不足，跗跖骨骨折愈合缓慢，即使一切顺利也需要7~8周。管理动物在长期笼舍状态下出现的继发问题（如压力管理、饲喂、预防霉菌病、羽毛损伤、健侧脚爪患脚垫病等）很关键。

（4）掌骨末端。掌骨末端的闭合性骨折通常很容易对接。在骨折部位固定热塑性夹板，包扎翅膀并使之与身体固定。每隔一天进行物理康复治疗，确保猛禽的翼膜、肩关节、肘关节和腕关节灵活，功能正常。腕骨骨折愈合缓慢，如果进展顺利，通常需要5~6周。

10. 喙、爪的损害

猛禽角质结构（喙、爪）出血时，最好使用化学烙术进行止血。如氯化铁、碱式硫酸铁、硝酸银或中药止血粉，甚至伤口药粉、滑石粉或面粉都可以用于止血。

猛禽喙部近端1/3以内的严重损伤预后不良。喙远端的损伤不用做手术就可以恢复，但必须密切监测，确保猛禽能自主采食。否则需要人工喂食，直到可以自主采食。

彻底处理、清创时，可能需要对猛禽进行全身麻醉或镇静。如果喙部出现破损，可用氰基丙烯酸盐黏合剂修复。

11. 软组织创伤

伤口并不一定作为紧急情况进行处理，首要任务是稳定动物。只有当其稳定后，并且该鸟足够强壮、可以承受长时间的保定或麻醉时，才能彻底护理伤口。

（1）稳定初期，压迫其伤口进行止血。用棉花（纱布）包裹伤口，防止进一步创伤和出血。固定活动的骨折断端，减少其疼痛。

（2）评估伤势，确定合理的治疗方案及康复计划。

①损伤部位（对飞行或存活至关重要）。

②损伤程度。

③新旧伤，疤痕组织，看其是否影响关键部位的灵活性（如翼膜）。

④污染程度（不应该完全缝合污染或感染的伤口）。

⑤有无骨折。

⑥有无关节损伤（关节损伤后，将无法完全恢复正常功能。猛禽的关节感染难以治疗且一般预后不良）。

⑦对血液供应和神经系统的影响（血液供应不足会造成组织大面积坏死，神经损伤会导致某些功能丧失。然而轻度的神经系统症状可随时间及适当的支持性治疗而恢复。有些组织如翼膜的血液供应相对较少，因此可能难以愈合）。

（3）除了很小的轻伤外，必须在局部麻醉或呼吸麻醉状态下处理伤口。治疗伤口当中和随后的时间应适当为猛禽用药镇痛。

（4）去除坏死组织，用生理盐水或0.5%的醋酸氯己定溶液清创、灌洗伤口。不要用酒精或双氧水清洁伤口，这会使猛禽非常痛苦并损害组织。

（5）使用外用抗生素或合理的消炎疗法，如磺胺嘧啶银或水溶性抗生素软膏。不要使用类固醇类药膏。

（6）对于感染或受污染超过8小时的伤口，应采取全身性抗生素治疗，用生理盐水或醋酸氯己定溶液定期清洗。使用半封闭敷料（如透明薄膜敷贴），12~24小时更换。

（7）伤口闭合。伤口新鲜（8小时以内）或没有严重污染时，可以缝合。但不建议缝合咬伤，除非面积较大时，才可适当地局部缝合（可以灌洗）。需无菌操作，合理麻醉及镇痛。

受伤超过8小时或受污染伤口，伤口的二期闭合靠肉芽组织自行愈合。合理包扎此类伤口，直到长出新的皮肤层。

（8）开放性创伤的清洗及防护。压迫伤口进行止血，可将伤口内异物取出并用0.05%醋酸氯己定溶液冲洗伤口，再用生理盐水及无菌敷料覆盖伤口，用医用胶带固定。

12. 翼膜损伤

猛禽翼膜应有弹性，翅膀能轻易地充分伸展。

如有翼膜损伤，要进行缝合，但只把翼膜的伤口简单缝合一般无效。翼膜组织相对供血不足会减缓愈合。此外，必要时要固定翅膀，防止缝线裂开，以避免猛禽的翼膜萎缩、弹性降低。

修复翼膜的撕裂伤可以在损伤处缝合一片薄纸板，以薄纸板来承担部分缝合的张力。每隔几天，需要重新定位薄纸板。翼膜愈合时，要防止翼膜组织萎缩。

翼膜韧带（翼膜前缘）严重损伤多预后不良。

13. 脚垫病

猛禽的脚垫病治疗起来非常困难，特别是晚期或复发病例，很难治愈。患脚垫病的猛禽不能放归野外。

仅结痂未感染的脚垫病（图5.13），或皮下的肉芽组织生长不旺盛时，应采取保守治疗，仅在患处涂抹磺胺嘧啶银，再球形包扎（图5.14）。甚至可用润手霜软化结痂和足底表面。

图5.13　猛禽脚垫病

图5.14　球形包扎

治疗轻微感染的脚垫病，需要给予全身抗生素。监护双脚，治疗一侧脚垫病时，要避免导致另一侧患上或加重脚垫病。

如果伤口分泌脓液或肉芽组织过度生长，必须进行手术清创。伤口闭合视具体情况而定，通常预后不良。手术后，至少使用抗生素1周。有时候，需要使用抗生素长期治疗，每周进行微生物培养和药敏试验，使用合适的抗生素，并根据需要使用镇痛药（理想情况下用美洛昔康）。术后须仔细护理，隔日清理伤口、重新包扎及镇痛是恢复的关键。足部球形包扎或裹足。也可以将伤口浸泡在稀释的洗必泰中消炎。

抗生素的选择：

（1）林可霉素50 mg/kg，口服，每日2次。

（2）马波沙星5～10 mg/kg，每日2次或15 mg/kg，每日1次。

（3）克林霉素50 mg/kg，每日2次。疗程可能比较长。

注意：头孢氨苄、阿莫西林、阿莫西林克拉维酸钾、氨苄西林对脚垫病都是无效的。

14．霉菌病

（1）病因。由压力和饲养条件不当引发。

（2）临床症状。霉菌病（图5.15）是圈养野生鸟类最常见的传染病，最常见的症状是呼吸异常，也可能见于其他组织（如皮肤）异常。通常早期症状不易觉察，摄食行为变化微小，耐力减弱。休息时张口呼吸，单核细胞增多和体重减轻则病情加重。如果单核细胞增多伴随着总蛋白升高，则基本可以确诊为霉菌病。中晚期预后不良。

易感霉菌病的猛禽包括：秃鹫、鬼鸮、矛隼、苍鹰、金雕、乌林鸮、鹰鸮、鹗、毛脚鵟、雪鸮以及在北极和亚北极的种类。

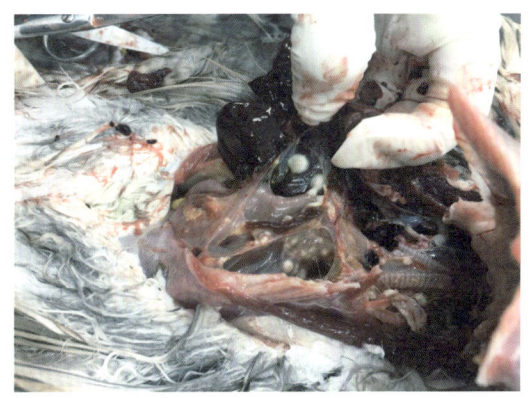

图5.15　霉菌病（北京猛禽救助中心/供图）

（3）治疗方法。对于霉菌病，预防是关键。对新接收的高度易感猛禽，预防性给予2～3周特比萘芬。

15. 滴虫病

对所有接收的猛禽进行滴虫检测。

甲硝唑50 mg/kg，每日1次，连用5日或直到生效。隔天拭子检测，至少连续2次结果呈阴性才可停药。也可以使用史帕瑞斯20 mg/kg，每日1次，连用5日。

16. 贫血

（1）病因。

①失血（出血）：创伤、中毒。

②红细胞生成减少：红细胞在鸟体内只存活4～6周。红细胞减少可能是由于感染、营养性疾病或中毒。

③红细胞的破坏：中毒、感染。

（2）临床症状。红细胞压积数值低，黏膜苍白，虚弱，静息时呼吸频率和心率增加。

（3）治疗方法。检查红细胞计数。许多红细胞的异形及许多红细胞破裂，表示血细胞溶解（如因中毒或红细胞寄生虫）。未成熟红细胞（染色呈蓝色/紫色）增多，表示失血性贫血（如失血后）。没有发生失血性贫血则表示近期红细胞损失，红细胞还未再生，或红细胞再生受到过度抑制。

如果红细胞压积低于30%，每7日给予右旋糖酐铁10 mg/kg，直到恢复正常。如果一周内红细胞压积数值没有变化,则查找发生贫血的其他原因。

有时可见红细胞压积30%~35%、亦可见未成熟红细胞,说明红细胞正在尝试再生,注射右旋糖酐铁将有助于红细胞的再生。注射右旋糖酐铁后第5日,应该可见红细胞压积升高。

17. 厌食

(1)病因。可能包括紧张、痛苦、疾病、对人类的印痕行为等。喙、口腔或爪受伤,也会妨碍猛禽自如进食。

(2)临床症状。较长时间的食欲不振,食量减少。

(3)治疗方法。将应激降到最小并解决其他导致厌食的潜在问题,是对改善厌食症状必不可少的。诱导猛禽识别并接受替代天然食物的新型食物时,也许需要填食。同样,看到其他猛禽进食也许有助于刺激进食行为。

一段时间没有进食的猛禽,可能会低血糖或脱水,感觉不适。补液是必不可少的,通常补液或几次填食有助于刺激猛禽的食欲。有些药物有助于刺激猛禽的食欲,应与上述的其他措施结合使用:

①复合维生素B。

②益生菌(乳酸杆菌和链球菌)。

六、两栖爬行类常见疾病及治疗

(一)蜥蜴类

1. 寄生虫病

蜥蜴类因其野外生活的自然环境和食性,不管是体表还是体内都普遍易存在许多寄生虫。因此对于刚接收的蜥蜴类,驱虫是不可或缺的工作内容,及早地驱虫能够降低死亡率。寄生虫的种类主要有蜱、绦虫、线虫、锥虫等。驱虫药物有阿维菌素、丙硫苯咪唑、左旋咪唑等。使用片剂、针剂均可达到驱虫的目的。若与敌百虫合用,可扩大抗虫驱虫范围。驱虫用药后,间隔1周再用1次即可。

2. 腐皮病

(1)病因。因饲养密度较大而互相撕咬、磨损,以及水质污染。在病菌侵入后，导致受伤部位皮肤组织坏死。

（2）临床症状。患处溃烂，表皮发白。

（3）治疗方法。首先清除患处的病灶，用金霉素眼膏涂抹，每日1次。若独自进食，可在食物中添加土霉素粉。

3. 创伤

（1）病因。在捕获、饲养过程中，四肢、口等部位发生擦伤、损伤、压伤。

（2）临床症状。局部红肿，组织坏死，有脓汁（图5.16）。

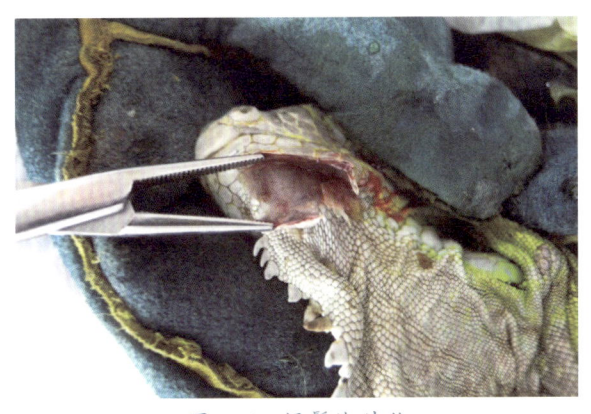

图5.16　绿鬣蜥外伤

（3）治疗方法。对新鲜创伤应先止血，用纱布压迫，严重者敷云南白药，然后清洗创面，再用消毒药物（93%双氧水、0.5%高锰酸钾溶液）擦洗，以防感染。大的创口应缝合、包扎。对陈旧、化脓的创伤，先将创口扩大，将创内的脓汁、坏死物质清除，使创伤形成新鲜创面，再依新鲜创面的处理方法治疗。

4. 口腔炎

（1）病因。进食时被食物中的骨骼等尖锐异物划伤、相互之间撕咬或缺乏维生素C，引起口腔表皮损伤或溃疡。

（2）临床症状。口腔溃疡，表皮有白色坏死的炎症，严重者有脓性分泌物，拒绝进食，精神不振（图5.17）。

（3）治疗方法。用消毒药棉缠绕镊子上，清除脓汁，用生理盐水冲洗口腔。用西瓜霜喷洒患处，每日1次。在饲料中拌入抗生素药物，连续投喂3～5日。

图5.17　口腔炎

（二）蛇类

1. 脱水

新接收的蛇类需要补充水分的方式与其他物种有所区别，可以和其他种类的物种一样采取注射哈特曼氏溶液（或者乳酸钠林格溶液），注射方式为每日2次，皮下注射剂量为体重1%的液体［50%的水+50%的哈特曼氏溶液（或者乳酸钠林格溶液）］。脱水严重的情况下注射剂量可以每日注射体重的2%。蛇类注射时为避免伤害动物，可在尾部的皮下注射。也可以把蛇类浸泡在浅的加了益生菌电解质的温水（20℃~30℃）中，至少浸泡30分钟。如果超过30分钟，应该换一次水以保持温暖。对于虚弱的个体补水时应该注意保证蛇类的鼻孔可以高于水面，以避免溺死。

2. 外伤

由于条件的限制，人们在捕捉、运输蛇类时，难免出现或大或小的外伤（图5.18）。尤其是现在不法商贩在运输和售卖蛇类时，多采用铁丝笼来存放，长时间使用的铁丝笼上崩开的铁丝头很容易对蛇类造成严重的外伤。

大部分蛇类的外伤能够自行愈合，而为了减少因为捕捉诊治造成的应激性，对于能够自愈的外伤可以不予理会。但是个别外伤严重的蛇类因为自然免疫力降低会出现肿胀现象。外伤治疗时，先用消毒液（可以使用酒精、双氧水等，为减少应激性可以使用碘伏）冲洗伤口，然后用龙胆

图5.18　缅甸蟒外伤

紫药水涂抹患处，或者使用1%~2%的碘酊涂抹，每日2~3次，直至痊愈。如果伤口已经化脓，可以将研磨成末的土霉素或者麦迪霉素撒至患处，并按压将药粉黏在伤口上，避免蛇类爬行时蹭落。如果伤口溃烂严重，最好单独取出受伤个体，清创伤口后用创可贴包扎。

外伤经过常规处理后，一般在1周内会完全恢复。所以在救护场所内，应该严格

检查，避免尖锐的物品如玻璃碴、铁丝头等出现在蛇类救护笼舍内，蛇类救护笼舍的封闭也尽量避免使用铁丝进行绑扎，否则会造成蛇类的严重划伤。

3. 寄生虫病

蛇类体内有多种寄生虫，这些寄生虫多从蛇类吃的动物身上传染而来。这些寄生虫在蛇类的身体内寄生后，轻则削弱蛇的体质，引起其他疾病，直接或间接地影响其身体健康，重者直接导致蛇类死亡。在为蛇类驱虫时，应遵循"高效低毒、广谱价廉"的驱虫原则，即少量使用一种抗寄生虫的药物就可以驱除多种寄生虫。

另外，在对大批的蛇类进行驱虫治疗或预防时，应先对少数蛇类予以试验，密切注意观察其反应和疗效，确保此药安全有效后再全面使用。此外，无论是大批给药还是预试驱虫，都应事先了解驱虫药的特性，慎防出现中毒现象。同时，要备好相应的解毒药品，以防出现不测。

给蛇类驱虫现采用两种驱虫方法，首先是体内驱虫法，若从经济和实用方面看，当属盐酸左旋咪唑注射液。不仅可以内服，而且肌肉注射的吸收效果快而完全，1支5 mg（5%）左旋咪唑能注射体重合50 kg的蛇类。因使用剂量较小，对蛇（易深部肌肉注射）无局部性的刺激，其用量仅为驱虫净的一半。若与敌百虫合用，可扩大抗虫范围，对线虫、绦虫、血吸虫、蛔虫、圆线虫均有作用，用药后2~6小时即发生作用，可间隔1周再用1次。也可每年驱虫2次，多选择在春、秋两季进行。其次为外用驱虫法，用药可选用阿维菌素粉剂、丙硫苯咪唑粉剂或左旋咪唑粉剂等。用药剂量如下：阿维菌素为0.1 mg/kg、丙硫苯咪唑为10 mg/kg、左旋咪唑为20 mg/kg。将粉剂调制成水溶液，对蛇进行浸泡，从而达到驱虫的目的。

蛇类普遍携带寄生虫，并且对于野生蛇类来讲，由于食性的问题，寄生虫问题是难以避免的。对于将要放归野外的蛇类进行驱虫，看似对其生活没有很大帮助，但是经过驱虫后放归应该能够提高其野外成活率。而对于无法放归野外的蛇类进行驱虫，则有助于提高蛇类的饲养成活率。

（三）龟类

1. 创伤

（1）病因。在捕获、饲养过程中，龟的甲壳、四肢、口等部位发生擦伤、损伤、压伤。

（2）临床症状。局部红肿，组织坏死，有脓汁。

（3）治疗方法。对新鲜创伤应先止血，用纱布压迫。严重者敷云南白药，然后清洗创面，再用消毒药物（93%双氧水、0.5%高锰酸钾溶液）擦洗，以防感染。大的创口应缝合、包扎。对陈旧、化脓的创伤，先将创口扩大，将创内的脓汁、坏死物质清除，使创口形成新鲜创面，再依新鲜创面的处理方法治疗。

2. 甲壳溃疡

（1）病因。环境以及水质污染导致细菌经由擦伤的伤口侵入感染。

（2）临床症状。甲壳剥离、色素沉淀、溃疡、四肢麻痹、脚爪脱落、内脏坏死等（图5.19）。

（3）治疗方法。可定期用红霉素软膏擦拭龟甲，对防治腐、烂甲有奇效。

3. 感冒

（1）病因。季节交替所引起的温度不稳定。

（2）临床症状。活动迟缓，鼻冒泡，口经常张开。

（3）治疗方法。可用感冒灵和安乃近溶于水中让龟饮服，并在龟后腿肌肉注射庆大霉素0.2 mL。或注射青霉素1万单位，体重0.5 kg以上的大龟可加大剂量至每次注射5万单位。一般连续服药和注射3日可痊愈。

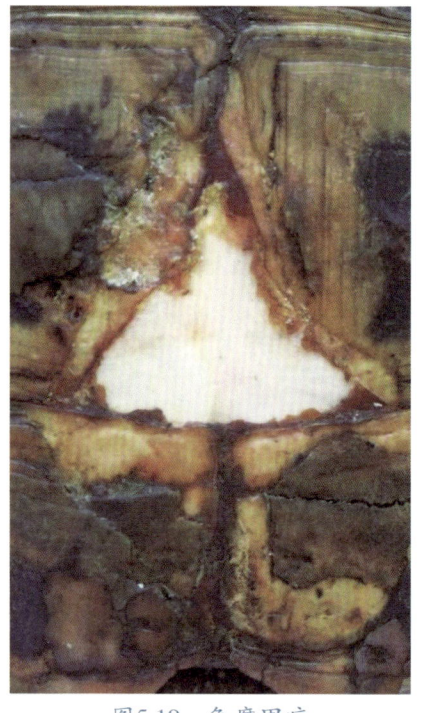

图5.19　龟腐甲病

4. 肠炎

（1）病因。由于喂食后，环境温度突然下降、水质污染或饲料变质导致肠道细菌性感染。

（2）临床症状。病龟的头常左右环顾，轻度病龟的粪便中有少量黏液或粪便稀软，呈黄色、绿色或深绿色，严重的龟粪便黏稠带血红色，并极腥臭，食欲缺乏，身体消瘦，龟拒绝进食。解剖可见肠、胃壁上有出血点。

（3）治疗方法。每天多次换水和投喂新鲜饲料。肌肉注射金霉素或氯霉素，每只病龟每次0.5 mL，体重0.5 kg以上的大龟注射剂量可加大至1 mL，连续3日，并在饲料中加少量氯霉素、黄连素或痢特灵喂服。对严重者采取肌肉注射，同时补充B族维生素。

5. 眼病

（1）病因。眼部受伤或因水质不好，刺激眼部而使龟类用前肢擦眼部，导致感染细菌。该病多见于红耳龟、乌龟、黄喉拟水龟、黄缘闭壳龟、眼斑水龟等，且以幼龟发病率较高。春季、秋季和越冬后的春季为流行盛期。

（2）临床症状。病龟的眼部发炎充血、眼睛肿大。眼角膜和鼻黏膜因眼的炎症而糜烂，眼球的外部被白色的分泌物掩盖，眼睛内部存在炎症。病龟常用前肢擦眼部，行动迟缓，不再摄食。严重者眼睛失明，最后日渐瘦弱而死。有些病龟在发病初期仅有一眼患病，如不采取措施，很快另一只眼也出现症状。

（3）治疗方法。多喂动物肝脏。对患处进行消毒，用乳酸依沙吖啶溶液泡成1%水溶液，一日1次，一次40~60秒，连续3~5日。使用呋喃西林（或呋喃唑酮）溶液浸泡。成年龟用20 mg/L浓度，幼龟用30 mg/L浓度。成年龟与幼龟一样，每次40分钟，一日1次，连续3~5日。涂抹达克宁眼膏。此外，氯霉素眼药水可以很好地治疗白眼病。

6. 口腔炎

（1）病因。误食尖锐异物或缺乏维生素C，引起口腔表皮损伤或溃疡。

（2）临床症状。口腔溃疡，表皮有白色坏死的炎症，严重者有脓性分泌物，龟停止进食。

（3）治疗方法。用消毒药棉缠绕在镊子上，清除脓汁，蘸乳酸依沙吖啶溶液擦洗口腔。用西瓜霜喷洒患处，每日1次。在饲料中拌入抗生素药物，连续投喂3日。

7. 肠胃炎

（1）病因。喂食后，环境温度突然下降、投喂饲料不新鲜、水质污染等均可导致患病。

（2）临床症状。轻度病龟的粪便中有少量黏液或粪便稀软，呈黄色、绿色或深绿色，龟少量进食。严重的龟粪便呈水样或黏液状，呈酱色、血红色，用棉签蘸少量涂于白纸上，可见血，龟绝食。解剖可见肠、胃壁上有出血点。

（3）治疗方法。首要的是对胃肠的消炎和胃肠黏膜的保护，止泻、补液。轻者可服用痢特灵、黄连素、氯霉素等，严重者采取肌肉注射治疗，同时补充B族维生素。

8. 肺炎

（1）病因。冬眠期，龟舍内湿度较大，温度低，且温度变化大；夏季，龟舍温度高，闷热，气温突然下降而引起。

（2）临床症状。鼻部有鼻液流出，后期变脓稠，呼吸声大，龟的口边或水面有白色黏液。陆栖龟喜饮水，且量大。

（3）治疗方法。冬季应保障龟舍内温度恒定，温差变化不大。夏季注意通风。环境温度突然下降时，要及时增温。病龟先隔离饲养，然后肌肉注射庆大霉素、链霉素、青霉素等。严重者无效。

9. 体外寄生虫

（1）病因。因野外的生活环境有寄生虫而感染。寄生虫的种类有蜱、螨、蚤、水蛭等。

（2）临床症状。体表有虫体，外形消瘦。

（3）治疗方法。发现龟的体表有虫体应后立即清除。对新接收的龟用1%敌百虫溶液浸洗，连续2日。人工饲养的龟发病率较低。对水栖龟类用0.7 mg/L硫酸铜溶液浸洗20～30分钟，可使水蛭脱落死亡。

10. 体内寄生虫

（1）病因。龟饮食时，将各种寄生虫的卵、虫体摄入体内，寄生虫寄生于龟的肠、胃、肺、肝等器官。寄生虫的种类有盾腹吸虫、血簇虫、锥虫、吊钟虫、隐孢子虫、线虫、棘头虫等。

(2)临床症状。体质差,外形消瘦。

(3)治疗方法。喂驱寄生虫药,如肠虫清、咪唑等。日常禁止投喂腐烂食物。

11. 出血性败血症

(1)病因。由嗜水气单胞菌引起。

(2)临床症状。龟皮肤有出血的斑点,严重者皮肤溃烂、化脓。解剖发现肝脏肿大,脾脏淤血,肠黏膜充血,肠内容物污黑,肺脏充血。该病具有传染性。

(3)治疗方法。将病龟按轻、重症状分档移池。对轻度病龟投喂麦迪霉素、乙酰螺旋霉素等,用诺氟沙星溶液浸泡24小时。严重者肌肉注射氯霉素。有的治疗无效。

第六章 笼舍环境及丰容

一、圈养动物的五项自由

通常认为，动物五项自由原则也适用于圈养的野生动物，因此，我们可以根据五项自由原则不断改进圈养野生动物的生存条件。

（1）动物享有不受饥渴的自由，保证提供让动物保持良好健康和精力所需要的食物和饮水。

（2）动物享有生活舒适的自由，保证提供适当的房舍或栖息场所，让动物能够得到舒适的睡眠和休息。

（3）动物享有不受痛苦、伤害和疾病的自由，保证动物不受额外的疼痛，预防疾病并对患病动物进行及时的治疗。

（4）动物享有生活无恐惧和无悲伤的自由，保证避免动物遭受精神痛苦的各种条件和处置。

（5）动物享有表达天性的自由，保证提供足够的空间、适当的设施以及与同类伙伴在一起。

二、环境丰容的意义

环境丰容，是目前常用的改善圈养野生动物生活环境的措施，目的是改善和满足圈养动物对环境多样性的需求。其原理就是通过改变笼舍环境的丰富度而给动物生活带来生活益处。环境丰容的主要目的有以下几点：

（1）增加动物积极表达天性的频率和种类，有利于动物减轻笼养时的压力，便于快速康复。如将食物分散放置在饲养区域，而不是固定放在某一位置，这样可以促进动物更多地表达觅食行为，减轻笼养压力，锻炼其野外生存能力。

（2）通过环境丰容激发动物各种自然行为的表达，减少异常行为的发生，特别是需要长时间康复的动物，增加动物的活动量，减少无聊、沮丧等心理活动。例如为猕猴提供多样化的食物和取食方式，刺激其正常的取食行为，减少刻板行为的发生。

（3）最大限度地利用笼舍环境。例如为喜欢攀爬的动物提供树木或攀爬的支架、绳索，鼓励它们利用笼舍环境的三维空间，营造动物野外生存环境。

（4）增强动物应对圈养环境挑战的能力，以及放归后迅速适应野外环境的能力。例如为动物提供躲避的设施或场所，或者为即将放归野外的鸟类和小型兽类提供模拟野外活动的树枝、栖木等。

三、环境丰容的方法和原则

环境丰容没有固定的方法和内容，要根据动物的特点以及它们圈养的时间、空间进行灵活调整。例如动物园、人工养殖以及用于研究或娱乐表演等长期饲养用的野生动物与救护短期饲养、将来放归野外的野生动物，在进行环境丰容时就要采取不同的措施。对于长期圈养的野生动物来说，环境丰容的目的就是复制或模拟那些在自然环境中能改善动物生存条件的积极方面，如环境的复杂性和多样性，鼓励动物表达自然行为，提供必要的环境刺激，或是避免将群居动物分开饲养等。需要说明的是，环境丰容举措不是一定要模仿自然条件，只要采取的措施能让动物产生相同的行为反应就算有效。如装满了食物供黑猩猩掏取食用的"假"蚁窝，就无须从形态上模仿真正的白蚁窝。另外，虽然许多生活在野外的物种会面临饥饿、伤病甚至被捕食的风险，但为长期饲养野生动物开展环境丰容时，却要避免采取那些有损害动物生存条件的措施。对于短期饲养的野生动物，丰容措施则应尽量复制自然环境的所有特性，包括正面的和负面的，目的是增强它们放归野外后的生存和适应能力。需要注意的是，一些负面特性可能会影响动物的生存条件，如忍受极端天气、不适宜的温度、取食难度加大、食物腐败变质、寄生虫、病原体感染风险增加等，所有这些做法不适用于那些受伤或受伤后正在接受治疗康复的动物。

四、环境丰容的效果评估

丰容效果的好坏要结合圈养动物生存条件要求和动物本身习性来进行评估,主要通过观察动物在环境丰容后对环境的适应、利用效率和自身的反应等方面进行评估,是否达到了当初环境丰容的目的:

(1)动物的生活环境是否符合生活习性和生活规律。

(2)动物生活在环境中是否安静,无干扰。

(3)动物是否生活愉悦,无压力。

(4)动物是否有多样的选择。

(5)环境温度是否合适,能否得到干净、充足的饮水和食物。

(6)动物是否能够正常表达自然天性。

(7)是否有足够的活动空间,保证动物的身心健康。

(8)动物是否能够静养或进行正常的社群交流。

(9)是否达到环境丰容的预期。

(10)环境丰容后是否影响正常的饲喂、消毒等操作。

五、经验总结改进

环境丰容没有固定的模式可以遵循,要根据笼舍的条件因势而为。环境丰容后要对动物在环境中的适应度、多样性选择、利用效率、安全性等方面,按照动物的生活习性、需求等方面进行观察总结,不断改进完善,主要从以下几个方面观察改进:

(1)动物的行为是否能够正常表达。

(2)活动空间是否受到环境丰容的限制。

(3)是否符合动物的生活规律和习性。

(4)环境丰容后动物的多样性选择是否增多和利用效率是否提高。

(5)使用的环境丰容材料是否安全、坚固。

(6)环境卫生清理、消毒、喂食、给水是否方便。

（7）是否能够达到环境丰容的预期目的。

六、兽类康复笼舍环境要求

兽类康复笼舍一般要根据动物的个体大小、性情和生活习性来统筹布置。因为兽类的种类和个体差异很大，所以用同一尺寸或同一布局等方式来安置从蝙蝠到野猪等众多动物是行不通的。但有一些通用原则适用于安置所有兽类，例如防止逃逸的双道门或类似的建筑设计是有效的。笼舍的朝向、位置、材料等，如铁丝网、木材或在墙壁内表面附着网状物等。在笼舍和人、笼舍与笼舍之间提供视觉阻隔屏障，让所有患病康复动物减轻应激反应。大多数不到4周龄的小型兽类可以安置在孵化器或保温的房间内。如果出生时间相差不大，通常可以将未成年的同种兽类动物安置在同一笼舍内。

另外，对于一些兽类的康复笼舍环境有需要特别考虑的事项。

猪科动物康复笼舍（图6.1）一般要建在地势较高，容易排水、便于通风采光的地方。笼舍面积最小为3 m×3 m，高3 m以上。地面不用硬化，半边顶上加棚以防雨、防晒。四周为1 m高砖墙为佳，墙上加铁丝网。相邻笼舍间留有串笼通道，一般3间笼舍为一组，可以左右串笼，以避免抓捕造成的应激反应。笼舍内安置厚重坚固不易打翻的食盆。提供面积为2 m²左右的浅水池，供其洗浴。可以栽种粗壮的木墩或倒木，供其娱乐玩耍。

鹿科、牛科动物康复笼舍（图6.2）不要求具有一定的规模，有3间左右即可，笼舍面积一般最小为20 m²，笼舍间留有串笼通道。笼舍要确保不让动物逃逸，还要

图6.1 猪科动物笼舍

图6.2 鹿科、牛科动物笼舍

有防暑、防雨雪的棚，地势要有一定坡度以有利于排水。这类动物需要有一定面积的运动场，运动场一般为露天围栏即可，圆形的围栏能够促使动物离开墙壁而不撞上墙角，减少它们受伤。大部分鹿科、牛科动物跳跃能力很强，围栏高度不得低于3 m，要有一定的通风性。围栏内要有饲料槽和水槽，地面坚实平坦，不用硬化，有适当坡度，易排水，易清扫消毒。

犬科动物康复笼舍（图6.3、图6.4）分为内舍和外舍。内舍面积最小为2 m×3 m，高2.5 m，三面砖墙，水泥抹光，一面网孔为3 cm×3 cm的钢网墙，水泥抹光地面，内、外舍之间为砖墙，中间修建一处50 cm×50 cm的推拉门。外舍面积最小为3 m×3 m，两边砖墙，内壁水泥抹光，内、外舍均需用网孔为3 cm×3 cm的钢网全封顶，外舍地面50 cm以下要做衬网，防止动物打洞逃逸。笼舍放置人工巢穴或笼箱，供动物隐蔽、休息。

图6.3　犬科动物笼舍环境

图6.4　犬科动物笼舍

熊科动物康复笼舍（图6.5）需正面为高40 cm、宽30 cm的水泥基座，上面为直径1.5 cm的圆钢焊接的栅栏式网墙，高2.5 m以上，顶部也用直径1.5 cm的圆钢焊接的栅栏全封闭，内设兽穴应该用实心的木材、混凝土块或砖制成，体积为2.44 m×2.44 m×1.83 m。这样可以安置1个成体或2个亚成体。笼舍内地面不要硬

图6.5　熊科动物笼舍

化，地面50 cm以下做好防逃逸衬网，地面垫料材质应该是天然的（土壤和草地）以免破坏动物足垫，有条件的话，笼舍内安置大树墩和耐用的木盆，让熊科动物玩耍、沐

浴也是必要的。

猫科动物康复笼舍（图6.6、图6.7）分为内舍和外舍。内舍面积最小为4m×3m，高3m，四面砖墙，地面、墙面水泥抹光，内、外舍之间砖墙，中间修建一处50cm×50cm的推拉门。外舍面积最小为3m×3m，两边砖墙，内壁水泥抹光，正面为高40cm、宽30cm的水泥基座，上面为直径1.5cm的圆钢焊接的栅栏式网墙，高2m，顶部也用直径1.5cm的圆钢焊接的栅栏全封闭。地面不要硬化，地面50cm下用不锈钢网做内衬，防止动物打洞逃逸。笼舍内应该设置让动物攀爬的大的枝条、树干、树墩（有些中空）和高台。其他设施如塑料桶、大口径PVC管、笼箱或人工洞穴等，供动物隐蔽、休息。

图6.6　猫科动物笼舍环境

图6.7　猫科动物笼舍

浣熊类动物攀爬能力强，胆小，较灵活。浣熊类动物康复笼舍（图6.8）内可以将钢丝网或粗麻袋制成的吊床、专用的笼箱悬挂到笼壁或屋顶上，也可以将塑料桶或其他东西（如树墩等）放置在笼舍内，供其隐蔽、休息。另外，放置不同高度的树枝、栖架和树墩等用来促进其攀爬。这类动物有游泳、洗涮食物的习性，一个浅的水池或水盆很合适这类动物，其大小应以适合这类动物沐浴和洗涮食物为宜。由于这类动物可能携带寄

图6.8　浣熊类动物笼舍

生虫，所以用来安置浣熊的笼子在完全消毒前不应用于安置其他物种。

灵长类动物是群居动物，其康复笼舍（图6.9）的设计容量以每间20只左右、5 kg以下的猕猴为宜，一般不宜放入过多的动物。笼舍的布局通常采用双排对开的布局，每侧5间笼舍，笼舍间有串笼和通道。笼舍分为内舍和外舍。内舍做屋顶，外舍则不做屋顶，改用铁网封闭以便采光，主要是便于内舍避雨和动物打架时可暂时躲避。南方通常内、外舍不做或只做些小分隔，北方需做内、外舍的分隔，以便内舍加温。外舍的顶部要设计成有斜坡的以便于篷布排水，内舍向外舍部分的顶部逐渐降低并做好撑住篷布的铁架，不能让动物抠到篷布。内舍要保证室内温度在17℃以上，对于原分布地在热带和亚热带的灵长类动物来说耐热不耐寒，尤其是没有经过低温锻炼的灵长类动物在气温低于20℃时极易感冒，气温低于13℃时几乎会全部感冒，气温低于10℃时就会有生命危险。需要特别注意的是，加温设施必须非常坚固，以动物不能破坏为准。外舍要有足够的可见光面积，可以满足上午阳光直射，使动物能得到尽量多的光照。由于灵长类动物多是树栖动物，不耐潮湿，因此要在内、外舍架设栖息架。群居的灵长类动物可以一个挨一个在栖息架上取暖，因此栖息架长度至少5 m。笼舍通常要架设铁质底网，底网离地面高度在60~80 cm。底网必须有足够的强度，至少可以满足3个饲养员同时在底网上作业。笼舍地面用混凝土做成内高外低、高差20 cm的斜面，以便于用高压水枪冲洗。笼舍最高的顶离底网高度不能超过2.5 m，最低的顶离底网高度不低于1.5 m，以便于捕捉动物。笼舍的规格通常是宽3 m，长7 m。其中，内舍长3 m，外舍长4 m。在外舍安装自动饮水设施，配备两只猴子都搬不动的重食槽，通常可用猪用铁食槽。猴房外两侧做排污沟。为了减少外界对动物的影响，通常用砖砌封闭外墙或栽种植物遮挡视线。

图6.9 灵长类动物笼舍

貂类、獾类动物是非常善于挖洞的一类动物，为避免其掘洞逃逸，康复笼底必须用衬网铺垫保证坚固。休息、躲避的巢穴可以用垃圾桶的金属内胆放入洞穴内，在内胆内垫入干草、修剪整理过的树枝等，作为其休息的场所（图6.10）。

图6.10 貂类、獾类动物笼舍

啮齿类动物是一个很大的类群，很难做到满足所有类群需要的必要条件。了解这类动物的生活习性后，基本上提供以下条件，就能满足大部分啮齿类动物的需求。在笼箱盖上放置重物以防止其逃逸，内放卷纸筒、小木箱等可以用来作为躲藏处。许多小型啮齿类动物需要挖土掘洞，掘洞是这类动物很重要的一个习性。另外一些物种需要利用土壤埋藏食物、需要沙土沐浴或进行其他的行为活动，所以对于许多小型啮齿类动物来说，植物材料和土壤是生活区重要的必备条件。露天笼舍应该在深30 cm以下土壤或沙土地下掩埋钢丝网或层压板作为内衬以防止动物逃逸。屋顶可用强力卡钉把钢丝网钉在木材条板上。应该为5周龄的亚成体提供用于啃咬的枝条，用以控制牙齿的生长，注意提供的枝条或树墩的树皮必须是无毒可食用的。松鼠类还需提供攀爬的枝条、平台等设施和方便休息、躲藏的笼箱、巢箱。

兔科动物康复笼舍（图6.11）需要特殊结构的材料。在笼舍骨架结构中避免使用木材，因为这类动物有啃食、咀嚼木材的习性。在笼壁结构上，避免使用金属丝网或钢丝网等材料，因为这类动物没有良好的景深感而不能看到围墙，易撞伤。用窗帘布或筛网来建造外围遮挡，"视觉障碍"的高度达到成体动物的耳朵以上。不要在内部安置布或筛网，因为这类动物会咀嚼这些材料。室内安置也必须提供足够的"视觉障碍"遮挡，作为减少应激反应的手段。笼壁的内表面要无外露的突出物，因

图6.11 兔科动物笼舍

为这类动物通常要沿围栏周边跑动，避免划伤。所有围栏内都应该有独立的掩蔽场所，其朝向远离入口。笼舍内应有用于啃咬的枝条或可食用的树皮等，用以控制牙齿生长。这类动物还需要松软的地面或干草墩来挖洞，天然的灌木或干草捆不但可用于遮阴，还能为其提供掩蔽场所，是很好的环境丰容材料。

七、鸟类康复笼舍环境要求

（一）猛禽类笼舍要求

新接收的猛禽应单独安置，或少量猛禽在条件相同时可安置一室（如同一窝幼鸟）。康复笼舍（图6.12、图6.13）内应至少水平放置一条栖木，在接近天花板处放置高栖架。使用人工草皮或其他合适栖息的材料盖住暖气片，防止其灼伤猛禽足部。

图6.12　猛禽笼舍环境（田恒玖/摄）

图6.13　猛禽笼舍

康复笼舍可以安装窗户，以与户外相通。需保证猛禽不会碰撞玻璃而受伤。在窗户前放置格栅的距离要合适，防止猛禽卡在格栅内或折断羽毛。窗户开口方向应避开人类活动区。笼舍门应该牢固（不透明），有小窥视孔，方便人在不干扰猛禽的情况下进行观察。墙壁应牢固。笼舍不建议用网质材料。地板和墙壁必须铺瓷砖，便于洗刷和消毒。地砖须向地漏倾斜，确保地面干燥、不积水。

每间笼舍内都应放置供猛禽饮水和洗浴的浅水盆，随时供水且每天更换。为某些种类（如小型猫头鹰）放置盒子等物品，方便其藏匿。

每次安置新的猛禽前，必须对地面、墙壁、地面覆盖物和水盆进行清洗、消毒并干燥。定期应检查笼舍有无损坏，以免导致猛禽受伤或逃逸。猛禽入住笼舍前，必须确保笼舍内的栖木和其他设备是干燥且安全无毒的。

1. 室外鸟舍

室外鸟舍（图6.14）用于猛禽放飞前的调整和评估，圈养康复期较长的猛禽（如羽毛重新生长，严重受伤后的长期康复，必须等待下一个迁徙季节才能放飞的猛禽）。此类鸟舍不适用于需要每天接受治疗的鸟，但适合可以在食物中添加药物、不必每天把持的鸟。室外鸟舍必须保证有足够的飞行空间，有多种栖架和栖息位点，有饮用水和洗澡水，并增添隐秘领域。

图6.14　猛禽室外康复训飞笼舍（肖莉春/摄）

室外鸟舍的大小和形状部分取决于用途（如短期驯化、观察、捕食、飞行）及安置猛禽的种类。笼舍的设计必须满足"野生动物康复最低标准"；选址及周围植被必须考虑猛禽的安全感，温度的调节也很重要；至少三面有遮蔽物（或板条木），最好四面都有；采光及通风良好；门上任何窗口都应覆盖深色的布或固定遮挡板，提供视觉屏障；理想的条件是使用天然植物（落叶树）遮阳，以对抗夏季的高温。没有遮阴的笼舍必须有一个洒水系统和其他遮阳方式以防止高温。保证笼内某个区域有遮挡（屋顶），猛禽可以自主选择飞至屋顶下进行避雨、纳凉或远离洒水喷头等。多只猛禽合住的笼舍内，应设多个巢箱或其他遮蔽物，供同舍的猛禽自主选择，避开同类。

室外鸟舍的建材必须便于清洁、消毒且耐用，保证猛禽的安全及合理的成本。某些经过处理的木材可能对猛禽有毒，应该避免使用。应使用加压处理的木材，以保证笼舍结构的长久性。铁丝围栏很容易伤害猛禽的羽毛和肢体末梢，应避免使用。如果笼舍顶部使用网状材料，要将其拉长拉紧，防止猛禽脚趾或羽毛缠绕其中。必须在笼舍网状顶部加盖坚固的金属围栏，确保猛禽不能逃逸或笼舍内进入其他捕食动物。栖架后方的墙为笼舍内最需要清洁的区域，可在墙体上安装塑料布并定期更换清洗。入口设置双重门，防止笼舍内猛禽逃逸。每间笼舍都有独立的门，还要建立统一的安全门。屋顶联建在安全门内。所有门必须从内、外都能关闭。提供能饮水和洗澡的浅水盆，每天至少更换一遍。天气炎热需水量大时，更要频繁更换。清洁笼舍时，需要流动的水源，要准备足够长的管子，冲洗所有房间。

地面要求排水系统良好，确保每日清洗时地表或地下不积水。不能磨损猛禽爪部，不能是混凝土或有尖锐石块的地面。常用基材包括细砾（小的圆形石块，直径约1cm）或排水良好的砂石。如果笼舍内草能自然茂密地生长并保证整洁，也是可行的。基材一般要避免使用有机物质（如木屑），以减少患霉菌病和其他真菌病的风险。

笼舍要防止其他掠食动物从围墙、屋顶或墙下进入。其他掠食动物可能飞进、爬进或从地下钻进，从空隙中挤入或从相邻树木跃入笼舍。靠近栖木、墙壁和顶棚开口区域，必须用铁丝或其他坚固的材料封闭。可在笼舍周围地面以下几厘米处填埋实木或链节，防止其他掠食动物刨地进入。应定期检查笼舍有无损坏，避免意外发生。

2. 栖架及内部装饰

室内和室外笼舍要安放多样栖架（图6.15、图6.16）。考虑因素包括：猛禽爪的大小；栖架到地面、墙壁、顶棚的距离；猛禽的飞行能力；栖架的材料及覆盖物；某些种类的特殊需求（如隼台）。

图6.15 覆盖人工草皮的猛禽栖杠（肖莉春/摄）

图6.16 猛禽栖木

少数的栖架应该具有一定的活动性，这样可以模仿猛禽在野外降落到树上时的自然反应。可通过安放一根可摆动的栖木或一些树枝、管子，这些栖架会随着猛禽自身的重力而轻微晃动，达到模仿的效果。栖木的材料包括连带着粗糙树皮的天然树枝、木制圆棒、PVC管、圆边的木料、原木或金属管。天然树枝在粗糙树皮脱落后必须更换。塑料和金属材质的栖架上必须覆盖有合适的材料。栖架上的覆盖物需要足够的垫层，并且表面要凹凸不平。每次猛禽停歇在栖架时，足底各个部位都能承重。人工草皮是理想的覆盖物。

栖架后面安放一面坚实的屏障可增加安全感。必须注意屏障和栖架的定位，尽量减少羽毛损伤。栖架应距墙壁一定的距离，这样易于清理墙上的粪便。用墙上的托架撑住栖木或使用可自立的栖木，便于调整，以适合不同的猛禽种类。可以在室外笼舍的墙壁前或栖架前，从顶部悬挂标识，提醒猛禽放慢速度，避免碰撞。可以使用软塑料条或帆布带为标识。可以为某些种类或个别猛禽安放适合的树枝、盒子及其他器具，此适用于无法飞上栖架的猛禽走上原木或树枝，让其逐步适应更高的栖架。确保所有猛禽都能自由栖息。

（二）水禽类笼舍要求

水禽是指那些花费大部分时间在水下、水上或水周围活动的禽类。水禽类康复笼舍都分为内舍和外舍。外舍一般为露天笼舍，内设水池，不同水禽物种及其受伤情况不同对水池的尺寸、水的深度要求不同。设计水池时要考虑到每一个物种对取食、饮水和水浴行为的需求，包括游泳水深、洗浴和饮用情况。水禽都善于飞翔，对空间要求很大。只要条件允许，提倡野生动物救护部门修建尽可能大的笼舍，便于水禽飞翔训练。用于修建水禽笼舍的建筑材料与其他大多数禽类笼舍的需要一样，所有材料都应该是易于擦洗和消毒的，并且是防水、防锈的材料，比如镀锌网或尼龙软网。

游禽康复笼舍（图6.17、图6.18）一般分为内舍、陆地运动场、水面运动场三部分，内、外舍之间以门相通，这三部分的面积比以1:2:3为宜。其中，内舍要注意防寒、防潮，满足冬暖夏凉、阳光充足、通风良好的条件。内舍大小以保证鸟类可在内部正常活动，可完全展翅，面积最小为3m×3m，高度1.8~2m为宜。内舍备有鸟类躲避处、挡雨遮阴处。内舍建筑材料可就地取材，因陋就简，可用瓦顶，墙壁用砖墙或泥墙均可。外舍面积最小为50 m²，棚顶和四周用尼龙网或铁丝网搭盖圈围，网眼以鸟类头部不能钻出为宜。陆地运动场要干爽不积水，铺5 cm厚砂土，种上树木或作物遮阴，防止闷热。水面运动场面积30 m²左右，水深50～80 cm，可供游禽潜水、游泳。食具、水盆、隐蔽用的巢箱可设在运动场一角，供鸟类栖息、饮食。

图6.17　游禽笼舍环境

图6.18　游禽笼舍

涉禽康复笼舍（图6.19、图6.20）的设计也尽量模拟野外生境，并且在笼舍内设立一个或多个能够为动物提供隐蔽的场所。这对动物康复十分必要，对神经质动物（如大鸨）尤其如此。涉禽类适应小环境和饲料后应放入大型笼舍内饲养。笼舍应坐北朝南，半室内形式，要求采光良好、地势高且干燥，环境安静，面积约为3 m×5 m，笼高3 m。地面泥土上铺粗沙，笼顶北面1/3面积安装阳光板，起到遮挡部分阳光和雨水的作用。笼舍铺设网径为1.2 cm不锈钢软网，防止鸟类飞撞受伤。夏季应在笼顶覆盖遮阴网。

图6.19　涉禽笼舍环境

图6.20　涉禽笼舍

鹭科、鹳科动物康复笼舍（图6.21）内还需在高处设置栖木，天然的栖木较为合适，粗细则要视鸟类的体型大小而定。树枝的摆放方法应考虑鸟类站在栖木时的身体位置。栖木不应碰到鸟类的身体，以免损伤鸟羽毛，尤其是尾部和双翼的羽毛。

图6.21　鹭科、鹳科动物笼舍

大多数涉禽喜欢站在水里嬉戏，因此最好在笼舍内提供一个水池。塑料盆、小型充气水池和空置胶制沙坑都可用作流动或临时水池。但是要注意水质的干净，及时清洁换水。如果水池的水不流动，致命的细菌如梭状菌会滋生。水池壁不能太陡峭，水池深度一般5～8cm即可。水池底及池壁不能太光滑，以免鸟类滑倒，最好在底部加上一个可以清洗的防滑底垫，如人造草皮或其他胶制地垫等。

场地地面以天然地面或草坪较好，如果没有这样的条件，在笼舍内地面铺垫一些木刨花也是较好的选择。但是刨花木屑易感染细菌，要及时更换清理。也可以在地面铺垫沙子。无论是哪种垫料，都要注意垫料的清洁度和干燥度，沾染粪便的湿垫料是细菌、真菌的最佳繁殖场所。

（三）雀形目鸟类笼舍要求

在布置雀形目鸟类康复笼舍时，要充分考虑到不同种类的生活习性和栖息环境，这对动物的饲养康复十分必要。雀形目鸟类有许多天然的捕食者，例如鹰、隼、蛇和小型哺乳动物，而且家养动物（如猫、狗）也可以捕食它们。笼舍的设计应该尽量减少把这些鸟类暴露给潜在性的捕食者，从而减少应激反应及可能受到的损伤。当把一些物种放在一起混养时，也要考虑到体型的差异和食性的差异，避免互相捕食伤害，如喜鹊和乌鸦可能会捕食其他小型鸟类。

康复笼舍分内舍和外舍。内舍可用砖混结构，外舍可用钢架结构。笼舍铺设金属网（镀锌网最佳）孔径小于或等于1cm，不建议使用尼龙网或铁丝网。如果尼龙网网线被鸟类或其他动物撕破变松，可能让捕食者进入或笼舍内的鸟类逃出，另外铁丝网可能损伤鸟类的羽毛。外舍应结构牢固，能防害兽、猛禽等天敌动物的攻击，能防逃逸。四周宜用黑色布料或塑料薄膜等遮挡视线，顶面应保留足够透光面积。笼舍四周地面以下埋设深50 cm以上的铁丝网，防止鼠类动物危害。地面不要硬化，内铺沙土和树叶，安置一些鸟巢或巢箱，提供足够的隐蔽区域。笼舍内应设栖架，粗细根据鸟脚大小定，以适合鸟站立和适当横移为宜。笼舍应能避风、避雨，防护程度以避免鸟类个体直接受到上述危害为宜。

另外，雀形目不同鸟类对放归前训飞笼舍环境的要求差别很大。大山雀、黄腹山雀、麻雀、小鹀等小型鸟类都是直接离巢起飞，基本不需要太多的空间飞行训练（图6.22、图6.23）。

图6.22　小型鸟类笼舍环境

图6.23　小型鸟类笼舍（郑苏群/摄）

八、两栖爬行类康复笼舍环境要求

（一）两栖类笼舍要求

两栖动物既能在水里生存，又能在陆地生存，要根据它们的生活习性和生理特点布置适合的生活环境。两栖类的康复笼舍以活动适宜为好，不必过大。笼舍的材料以木板、玻璃、水泥、泥土等非金属材料为宜，因为金属材料特别是锌、铜、铅等对两栖动物皮肤有伤害，易发生中毒。另外，笼舍内应布置一些山石、树皮、苔藓等模拟自然环境，增强动物对环境的适应性。笼舍内不要有尖锐、突出的物品，避免划伤动物。环境内可以加灯光和紫外灯，使环境温度保持在22℃～28℃，湿度保持在70%~80%。尽可能在环境中营造不同温度、湿度的空间，供动物自主选择。

1. 蛙类

蛙类大多数有隐藏自己的习性，因此蛙类的康复笼箱内需垫厚10~30cm的细质沙土，再放置一些空心木、大块的树皮或加一些有小洞的石头，人为创造一个接近野生的自然环境。对于水栖类的蛙类，笼箱内2/3~3/4为水面，其余为陆地，而对于陆栖为主的蟾蜍属蛙类饲养环境（图6.24）中水面与陆地比例正好相反。水面可以放些漂浮的水生植物，水陆间有斜坡或垫石相连。对于有吸盘的蛙类如树蛙、雨蛙，它们不喜欢直立休息，因此笼箱中需放置一些树枝，树枝上放一些平台，以利于它们平卧休息。

2. 蝾螈类

蝾螈类属于水栖类的两栖动物，大部分时间在水中活动栖息，有时爬上岸边或湿润的石缝处栖息。由于这类动物体型较小，一般在水族箱或玻璃缸（图6.25）中可以饲养，在笼箱中设置一些高出水面的山石，铺上一些苔藓，水深一般10~15cm即可。环境温度保持在17℃~22℃，最低不要低于10℃，但应保持水质清洁，以防霉菌感染。

图6.24　蟾蜍笼箱环境

图6.25　蝾螈类笼箱环境

3. 大鲵

在两栖动物中，大鲵的生活环境和习性较为特殊。大鲵的饲养池或笼箱（图6.26、图6.27）须空间足够大，长度为体长的1.5倍以上，水深不低于0.5m，最好1m以上。饲养池或笼箱内设有假山石或洞穴作为隐蔽场所，以供大鲵使用。水质必须清洁，水温恒定保持在20℃~25℃，这样能够保证大鲵正常的新陈代谢。

图6.26　大鲵笼箱环境

图6.27　大鲵笼箱

（二）爬行类笼舍要求

根据爬行动物的种类和生活需要，康复笼舍要为动物提供足够的空间用于活动和捕食，并提供合适的区域来藏匿和晒太阳。必须给爬行动物定期提供清洁的淡水，每天清洗水盆，保持水盆的清洁。一些爬行动物（如避役类）需要饮用雾水，它们不能饮用静态的水，应该安装喷淋装置，满足这类动物的生活需求。笼舍内应该提供多样的环境条件，控制营造类似于野外的环境条件，如提供多点梯度的温度、湿度、光照及通风的栖息环境，供不同动物自己选择。每日要核对一次温度、湿度，防止可能出现的问题。

根据动物的不同尺寸，设置不同大小的水族箱、玻璃容器。这不但适用于大多数物种的饲养康复，而且便于控制温度、湿度，营造小环境。笼舍装置的安全性是饲养康复的基本需求，一定做好防护，以免伤害到笼舍中的动物。笼舍的内壁和顶部必须无粗糙的表面和棱角。

选择合适的材料对所有爬行动物的长期健康来说都是非常重要的。笼舍内的垫材必须无毒无味，如雪松类的材料不推荐使用。这类材料含有挥发性油剂，它会杀死许多无脊椎动物并诱发大多数爬行动物的呼吸系统问题。黏土也不推荐作垫材，因为它是非常强的脱水材料，不但会诱发呼吸系统问题，还会刺激皮肤，并且影响蛇的正常蜕皮。一般大沙砾是比较安全的，但应该是平滑无棱角的，例如石英类型。它可以清洗，可以用漂白粉消毒，漂洗容易，晒干后可再使用。

如果动物需要长期饲养，那么笼舍内的环境丰容可能有助于动物的心理健康和生活舒适。两栖爬行类的笼箱内需要布置供攀爬的枝条、晒太阳用的岩石、隐蔽的场所、喷淋的装置等。如一些树栖类的蛇需要利用枝条进行攀爬，一些蜥蜴类、龟类需要适当的隐蔽场所和晒太阳的平台，在笼箱的不同位置放置尺寸合适的隐藏箱可以满足它们对安全感的需要。

1. 陆龟类

陆龟一般需要较大的饲养空间，以满足它们活动的需求。陆龟以植物性食物为主，食量大，排泄物多，康复笼舍（图6.28、图6.29）内垫材应选择自然易清理的材料。陆龟对户外紫外线的需求较高，要经常让它们能够获得阳光直射或者紫外灯的照射。陆龟对温度要求较高，往往需要提供不同的热源。陆龟需要水浴来刺激排便，所以室外龟类饲养笼舍必须有水池。水池需占整个龟池的1/3面积，运动场和沙池各占剩余面积的一半。水池要有一定的坡度以方便龟进出并自主选择适宜的深度，深水处要求深30 cm左右。龟类室外养殖池内可以种植少量遮阳植物，供其隐蔽和遮阴。

图6.28　陆龟笼舍环境（田恒玖/摄）

图6.29　陆龟笼舍

2. 蛇类

国际拯救中心和蛇类饲养爱好者都认为蛇类不难适应小面积的笼舍，所以蛇类康复笼舍（图6.30、图6.31）的设计不要求面积太大，在小范围内满足蛇类生活的各项需求即可。

一个体积为80 cm×40 cm×60 cm的玻璃鱼缸或者类似大小的其他容器的空间足够满足一条长度在1.5 m以内的蛇类的正常活动。在一个标准的康复笼舍内，可以打造多个用玻璃、塑料箱或者其他材料隔开的独立空间来存放多条救护蛇类。而大型蛇类，主要是蟒蛇的救护，就需要根据救护蟒蛇的大小提供合适的空间。

图6.30　蛇类笼舍环境

图6.31　蛇类笼舍

笼舍中的底部应该铺设垫料。其中天然树皮制作的树皮垫料最为常用，可以满足大部分蛇类的需求。在小环境内，树皮可以吸收水分后再释放，有助于保持湿度。树皮垫料可以帮助平均分配和传送采用底部加热的笼舍的热力，并令饲养环境更加具备自然特色。某些种类如沙蟒等沙漠类型的蛇类可以使用钙沙，它可以被蛇类吞下并消化，从而吸收所需的钙质。在接收大量蛇类需要应急的时候，报纸可以作为一种方便获取、价格低廉、效果较好的应急垫料。

在蛇类笼舍的内容物的选择上，可以供其攀附的树枝必不可少。可以选择合适大小的多枝杈的树枝置于蛇类笼舍内部。笼舍内部还应该提供蛇类饮水的水盘以及为避免污染垫料而盛放食物的食盘，对于喜欢游水的蛇类还应该提供水池。

为了避免蛇类刚刚进入新的环境产生高度的应激性，笼舍的照明和遮光都应当具备。在蛇类照明中可以选择的有紫外光灯泡、白炽灯泡和红外灯泡。应当根据不同蛇类选择合适的灯泡。灯泡加热的时候，整个笼舍内部不需要达到同一个温度，只要加热灯泡周围的温度梯度符合该蛇类的生理需求即可，无须特定的加热点。这样蛇类会选择合适的距离，待在自己认为最适宜温度的地方。一些利用红外光捕食的蛇类不适宜用红外光灯泡，而锦蛇类则要大量的紫外光照射以满足其生理需求和心理需求。

3. 蜥蜴类

蜥蜴类根据栖息条件和体型大小，可以用玻璃缸、笼箱饲养，也可以在室外建饲养笼舍（图6.32）饲养。室外的饲养笼舍最好由室内和室外两部分组成。室内部分主要要满足在气温低时便于加热保暖的功能，地面的角落处可堆放一些干草或布置些可躲藏的棚架。通常情况下，当温度低于20℃时就要考虑人工加热保暖。室外部分要有光照，除要挖砌一个水池外，还要在空地上种植一些植物，再放置一些树枝、栖木供其攀附和躲藏。蜥蜴类喜好躲藏于洞穴或者杂物丛中、岩石下，遇到情况异常时它们会迅速躲避起来，所以最好能够提供足够多的躲藏、隐蔽场所。室内饲养时，加热、光照、加湿设备是必不可少的。

图6.32　蜥蜴类笼舍环境

附　　录

附录1

中华人民共和国野生动物保护法

（1988年11月8日第七届全国人民代表大会常务委员会第四次会议通过　根据2004年8月28日第十届全国人民代表大会常务委员会第十一次会议《关于修改〈中华人民共和国野生动物保护法〉的决定》第一次修正　根据2009年8月27日第十一届全国人民代表大会常务委员会第十次会议《关于修改部分法律的决定》第二次修正　2016年7月2日第十二届全国人民代表大会常务委员会第二十一次会议第一次修订　根据2018年10月26日第十三届全国人民代表大会常务委员会第六次会议《关于修改〈中华人民共和国野生动物保护法〉等十五部法律的决定》第三次修正　2022年12月30日第十三届全国人民代表大会常务委员会第三十八次会议第二次修订）

目　　录

第一章　总　　则

第二章　野生动物及其栖息地保护

第三章　野生动物管理

第四章　法律责任

第五章　附　　则

第一章　总　　则

第一条　为了保护野生动物，拯救珍贵、濒危野生动物，维护生物多样性和生态平衡，推进生态文明建设，促进人与自然和谐共生，制定本法。

第二条　在中华人民共和国领域及管辖的其他海域，从事野生动物保护及相关活动，适用本法。

本法规定保护的野生动物，是指珍贵、濒危的陆生、水生野生动物和有重要生态、科学、社会价值的陆生野生动物。

本法规定的野生动物及其制品，是指野生动物的整体（含卵、蛋）、部分及衍生物。

珍贵、濒危的水生野生动物以外的其他水生野生动物的保护，适用《中华人民共和国渔业法》等有关法律的规定。

第三条 野生动物资源属于国家所有。

国家保障依法从事野生动物科学研究、人工繁育等保护及相关活动的组织和个人的合法权益。

第四条 国家加强重要生态系统保护和修复，对野生动物实行保护优先、规范利用、严格监管的原则，鼓励和支持开展野生动物科学研究与应用，秉持生态文明理念，推动绿色发展。

第五条 国家保护野生动物及其栖息地。县级以上人民政府应当制定野生动物及其栖息地相关保护规划和措施，并将野生动物保护经费纳入预算。

国家鼓励公民、法人和其他组织依法通过捐赠、资助、志愿服务等方式参与野生动物保护活动，支持野生动物保护公益事业。

本法规定的野生动物栖息地，是指野生动物野外种群息生繁衍的重要区域。

第六条 任何组织和个人有保护野生动物及其栖息地的义务。禁止违法猎捕、运输、交易野生动物，禁止破坏野生动物栖息地。

社会公众应当增强保护野生动物和维护公共卫生安全的意识，防止野生动物源性传染病传播，抵制违法食用野生动物，养成文明健康的生活方式。

任何组织和个人有权举报违反本法的行为，接到举报的县级以上人民政府野生动物保护主管部门和其他有关部门应当及时依法处理。

第七条 国务院林业草原、渔业主管部门分别主管全国陆生、水生野生动物保护工作。

县级以上地方人民政府对本行政区域内野生动物保护工作负责，其林业草原、渔业主管部门分别主管本行政区域内陆生、水生野生动物保护工作。

县级以上人民政府有关部门按照职责分工，负责野生动物保护相关工作。

第八条 各级人民政府应当加强野生动物保护的宣传教育和科学知识普及工作，鼓励和支持基层群众性自治组织、社会组织、企业事业单位、志愿者开展野生动物保护法律法规、生态保护等知识的宣传活动；组织开展对相关从业人员法律法规和专业知识培训；依法公开野生动物保护和管理信息。

教育行政部门、学校应当对学生进行野生动物保护知识教育。

新闻媒体应当开展野生动物保护法律法规和保护知识的宣传，并依法对违法行为进行舆论监督。

第九条 在野生动物保护和科学研究方面成绩显著的组织和个人，由县级以上人民政府按照国家有关规定给予表彰和奖励。

第二章 野生动物及其栖息地保护

第十条 国家对野生动物实行分类分级保护。

国家对珍贵、濒危的野生动物实行重点保护。国家重点保护的野生动物分为一级保护野生动物和二级保护野生动物。国家重点保护野生动物名录，由国务院野生动物保护主管部门组织科学论证评估后，报国务院批准公布。

有重要生态、科学、社会价值的陆生野生动物名录，由国务院野生动物保护主管部门征求国务院农业农村、自然资源、科学技术、生态环境、卫生健康等部门意见，组织科学论证评估后制定并公布。

地方重点保护野生动物，是指国家重点保护野生动物以外，由省、自治区、直辖市重点保护的野生动物。地方重点保护野生动物名录，由省、自治区、直辖市人民政府组织科学论证评估，征求国务院野生动物保护主管部门意见后制定、公布。

对本条规定的名录，应当每五年组织科学论证评估，根据论证评估情况进行调整，也可以根据野生动物保护的实际需要及时进行调整。

第十一条 县级以上人民政府野生动物保护主管部门应当加强信息技术应用，定期组织或者委托有关科学研究机构对野生动物及其栖息地状况进行调查、监测和评估，建立健全野生动物及其栖息地档案。

对野生动物及其栖息地状况的调查、监测和评估应当包括下列内容：

（一）野生动物野外分布区域、种群数量及结构；

（二）野生动物栖息地的面积、生态状况；

（三）野生动物及其栖息地的主要威胁因素；

（四）野生动物人工繁育情况等其他需要调查、监测和评估的内容。

第十二条 国务院野生动物保护主管部门应当会同国务院有关部门，根据野生动物及其栖息地状况的调查、监测和评估结果，确定并发布野生动物重要栖息地名录。

省级以上人民政府依法将野生动物重要栖息地划入国家公园、自然保护区等自然保护地，保护、恢复和改善野生动物生存环境。对不具备划定自然保护地条件的，县级以上人民政府可以采取划定禁猎（渔）区、规定禁猎（渔）期等措施予以保护。

禁止或者限制在自然保护地内引入外来物种、营造单一纯林、过量施洒农药等人为干扰、威胁野生动物生息繁衍的行为。

自然保护地依照有关法律法规的规定划定和管理，野生动物保护主管部门依法加强对野生动物及其栖息地的保护。

第十三条 县级以上人民政府及其有关部门在编制有关开发利用规划时，应当充分考虑野生动物及其栖息地保护的需要，分析、预测和评估规划实施可能对野生动物及其栖息地保护产生的整体影响，避免或者减少规划实施可能造成的不利后果。

禁止在自然保护地建设法律法规规定不得建设的项目。机场、铁路、公路、航道、水利水电、风电、光伏发电、围堰、围填海等建设项目的选址选线，应当避让自然保护地以及其他野生动物重要栖息地、迁徙洄游通道；确实无法避让的，应当采取修建野生动物通道、过鱼设施等措施，消除或者减少对野生动物的不利影响。

建设项目可能对自然保护地以及其他野生动物重要栖息地、迁徙洄游通道产生影响的，环境影响评价文件的审批部门在审批环境影响评价文件时，涉及国家重点保护野生动物的，应当征求国务院野生动物保护主管部门意见；涉及地方重点保护野生动物的，应当征求省、自治区、直辖市人民政府野生动物保护主管部门意见。

第十四条 各级野生动物保护主管部门应当监测环境对野生动物的影响，发现环境影响对野生动物造成危害时，应当会同有关部门及时进行调查处理。

第十五条 国家重点保护野生动物和有重要生态、科学、社会价值的陆生野生动物或者地方重点保护野生动物受到自然灾害、重大环境污染事故等突发事件威胁时，当地人民政府应当及时采取应急救助措施。

国家加强野生动物收容救护能力建设。县级以上人民政府野生动物保护主管部门应当按照国家有关规定组织开展野生动物收容救护工作，加强对社会组织开展野生动物收容救护工作的规范和指导。

收容救护机构应当根据野生动物收容救护的实际需要，建立收容救护场所，配备相应的专业技术人员、救护工具、设备和药品等。

禁止以野生动物收容救护为名买卖野生动物及其制品。

第十六条 野生动物疫源疫病监测、检疫和与人畜共患传染病有关的动物传染病的防治管理，适用《中华人民共和国动物防疫法》等有关法律法规的规定。

第十七条 国家加强对野生动物遗传资源的保护，对濒危野生动物实施抢救性保护。

国务院野生动物保护主管部门应当会同国务院有关部门制定有关野生动物遗传资源保护和利用规划，建立国家野生动物遗传资源基因库，对原产我国的珍贵、濒危野生动物遗传资源实行重点保护。

第十八条 有关地方人民政府应当根据实际情况和需要建设隔离防护设施、设置安全警示标志等，预防野生动物可能造成的危害。

县级以上人民政府野生动物保护主管部门根据野生动物及其栖息地调查、监测和评估情况，对种群数量明显超过环境容量的物种，可以采取迁地保护、猎捕等种群调控措施，保障人身财产安全、生态安全和农业生产。对种群调控猎捕的野生动物按照国家有关规定进行处理和综合利用。种群调控的具体办法由国务院野生动物保护主管部门会同国务院有关部门制定。

第十九条 因保护本法规定保护的野生动物，造成人员伤亡、农作物或者其他财产损失的，由当地人民政府给予补偿。具体办法由省、自治区、直辖市人民政府制定。有关地方人民政府可以推动保险机构开展野生动物致害赔偿保险业务。

有关地方人民政府采取预防、控制国家重点保护野生动物和其他致害严重的陆生野生动物造成危害的措施以及实行补偿所需经费，由中央财政予以补助。具体办法由国务院财政部门会同国务院野生动物保护主管部门制定。

在野生动物危及人身安全的紧急情况下，采取措施造成野生动物损害的，依法不承担法律责任。

第三章　野生动物管理

第二十条　在自然保护地和禁猎（渔）区、禁猎（渔）期内，禁止猎捕以及其他妨碍野生动物生息繁衍的活动，但法律法规另有规定的除外。

野生动物迁徙洄游期间，在前款规定区域外的迁徙洄游通道内，禁止猎捕并严格限制其他妨碍野生动物生息繁衍的活动。县级以上人民政府或者其野生动物保护主管部门应当规定并公布迁徙洄游通道的范围以及妨碍野生动物生息繁衍活动的内容。

第二十一条　禁止猎捕、杀害国家重点保护野生动物。

因科学研究、种群调控、疫源疫病监测或者其他特殊情况，需要猎捕国家一级保护野生动物的，应当向国务院野生动物保护主管部门申请特许猎捕证；需要猎捕国家二级保护野生动物的，应当向省、自治区、直辖市人民政府野生动物保护主管部门申请特许猎捕证。

第二十二条　猎捕有重要生态、科学、社会价值的陆生野生动物和地方重点保护野生动物的，应当依法取得县级以上地方人民政府野生动物保护主管部门核发的狩猎证，并服从猎捕量限额管理。

第二十三条　猎捕者应当严格按照特许猎捕证、狩猎证规定的种类、数量或者限额、地点、工具、方法和期限进行猎捕。猎捕作业完成后，应当将猎捕情况向核发特许猎捕证、狩猎证的野生动物保护主管部门备案。具体办法由国务院野生动物保护主管部门制定。猎捕国家重点保护野生动物应当由专业机构和人员承担；猎捕有重要生态、科学、社会价值的陆生野生动物，有条件的地方可以由专业机构有组织开展。

持枪猎捕的，应当依法取得公安机关核发的持枪证。

第二十四条　禁止使用毒药、爆炸物、电击或者电子诱捕装置以及猎套、猎夹、捕鸟网、地枪、排铳等工具进行猎捕，禁止使用夜间照明行猎、歼灭性围猎、捣毁巢穴、火攻、烟熏、网捕等方法进行猎捕，但因物种保护、科学研究确需网捕、电子诱捕以及植保作业等除外。

前款规定以外的禁止使用的猎捕工具和方法，由县级以上地方人民政府规定并公布。

第二十五条 人工繁育野生动物实行分类分级管理，严格保护和科学利用野生动物资源。国家支持有关科学研究机构因物种保护目的人工繁育国家重点保护野生动物。

人工繁育国家重点保护野生动物实行许可制度。人工繁育国家重点保护野生动物的，应当经省、自治区、直辖市人民政府野生动物保护主管部门批准，取得人工繁育许可证，但国务院对批准机关另有规定的除外。

人工繁育有重要生态、科学、社会价值的陆生野生动物的，应当向县级人民政府野生动物保护主管部门备案。

人工繁育野生动物应当使用人工繁育子代种源，建立物种系谱、繁育档案和个体数据。因物种保护目的确需采用野外种源的，应当遵守本法有关猎捕野生动物的规定。

本法所称人工繁育子代，是指人工控制条件下繁殖出生的子代个体且其亲本也在人工控制条件下出生。

人工繁育野生动物的具体管理办法由国务院野生动物保护主管部门制定。

第二十六条 人工繁育野生动物应当有利于物种保护及其科学研究，不得违法猎捕野生动物，破坏野外种群资源，并根据野生动物习性确保其具有必要的活动空间和生息繁衍、卫生健康条件，具备与其繁育目的、种类、发展规模相适应的场所、设施、技术，符合有关技术标准和防疫要求，不得虐待野生动物。

省级以上人民政府野生动物保护主管部门可以根据保护国家重点保护野生动物的需要，组织开展国家重点保护野生动物放归野外环境工作。

前款规定以外的人工繁育的野生动物放归野外环境的，适用本法有关放生野生动物管理的规定。

第二十七条　人工繁育野生动物应当采取安全措施，防止野生动物伤人和逃逸。人工繁育的野生动物造成他人损害、危害公共安全或者破坏生态的，饲养人、管理人等应当依法承担法律责任。

第二十八条　禁止出售、购买、利用国家重点保护野生动物及其制品。

因科学研究、人工繁育、公众展示展演、文物保护或者其他特殊情况，需要出售、购买、利用国家重点保护野生动物及其制品的，应当经省、自治区、直辖市人民政府野生动物保护主管部门批准，并按照规定取得和使用专用标识，保证可追溯，但国务院对批准机关另有规定的除外。

出售、利用有重要生态、科学、社会价值的陆生野生动物和地方重点保护野生动物及其制品的，应当提供狩猎、人工繁育、进出口等合法来源证明。

实行国家重点保护野生动物和有重要生态、科学、社会价值的陆生野生动物及其制品专用标识的范围和管理办法，由国务院野生动物保护主管部门规定。

出售本条第二款、第三款规定的野生动物的，还应当依法附有检疫证明。

利用野生动物进行公众展示展演应当采取安全管理措施，并保障野生动物健康状态，具体管理办法由国务院野生动物保护主管部门会同国务院有关部门制定。

第二十九条　对人工繁育技术成熟稳定的国家重点保护野生动物或者有重要生态、科学、社会价值的陆生野生动物，经科学论证评估，纳入国务院野生动物保护主管部门制定的人工繁育国家重点保护野生动物名录或者有重要生态、科学、社会价值的陆生野生动物名录，并适时调整。对列入名录的野生动物及其制品，可以凭人工繁育许可证或者备案，按照省、自治区、直辖市人民政府野生动物保护主管部门或者其授权的部门核验的年度生产数量直接取得专用标识，凭专用标识出售和利用，保证可追溯。

对本法第十条规定的国家重点保护野生动物名录和有重要生态、科学、社会价值的陆生野生动物名录进行调整时，根据有关野外种群保护情况，可以对前款规定的有关人工繁育技术成熟稳定野生动物的人工种群，不再列入国家重点保护野生动物名录和有重要生态、科学、社会价值的陆生野生动物名录，实行与野外种群不同的管理措施，但应当依照本法第二十五条第二款、第三款和本条第一款的规定取得人工繁育许可证或者备案和专用标识。

对符合《中华人民共和国畜牧法》第十二条第二款规定的陆生野生动物人工繁育种群，经科学论证评估，可以列入畜禽遗传资源目录。

第三十条　利用野生动物及其制品的，应当以人工繁育种群为主，有利于野外种群养护，符合生态文明建设的要求，尊重社会公德，遵守法律法规和国家有关规定。

野生动物及其制品作为药品等经营和利用的，还应当遵守《中华人民共和国药品管理法》等有关法律法规的规定。

第三十一条　禁止食用国家重点保护野生动物和国家保护的有重要生态、科学、社会价值的陆生野生动物以及其他陆生野生动物。

禁止以食用为目的猎捕、交易、运输在野外环境自然生长繁殖的前款规定的野生动物。

禁止生产、经营使用本条第一款规定的野生动物及其制品制作的食品。

禁止为食用非法购买本条第一款规定的野生动物及其制品。

第三十二条　禁止为出售、购买、利用野生动物或者禁止使用的猎捕工具发布广告。禁止为违法出售、购买、利用野生动物制品发布广告。

第三十三条　禁止网络平台、商品交易市场、餐饮场所等，为违法出售、购买、食用及利用野生动物及其制品或者禁止使用的猎捕工具提供展示、交易、消费服务。

第三十四条　运输、携带、寄递国家重点保护野生动物及其制品，或者依照本法第二十九条第二款规定调出国家重点保护野生动物名录的野生动物及其制品出县境的，应当持有或者附有本法第二十一条、第二十五条、第二十八条或者第二十九条规定的许可证、批准文件的副本或者专用标识。

运输、携带、寄递有重要生态、科学、社会价值的陆生野生动物和地方重点保护野生动物，或者依照本法第二十九条第二款规定调出有重要生态、科学、社会价值的陆生野生动物名录的野生动物出县境的，应当持有狩猎、人工繁育、进出口等合法来源证明或者专用标识。

运输、携带、寄递前两款规定的野生动物出县境的，还应当依照《中华人民共和国动物防疫法》的规定附有检疫证明。

铁路、道路、水运、民航、邮政、快递等企业对托运、携带、交寄野生动物及其制品的，应当查验其相关证件、文件副本或者专用标识，对不符合规定的，不得承运、寄递。

第三十五条　县级以上人民政府野生动物保护主管部门应当对科学研究、人工繁育、公众展示展演等利用野生动物及其制品的活动进行规范和监督管理。

市场监督管理、海关、铁路、道路、水运、民航、邮政等部门应当按照职责分工对野生动物及其制品交易、利用、运输、携带、寄递等活动进行监督检查。

国家建立由国务院林业草原、渔业主管部门牵头，各相关部门配合的野生动物联合执法工作协调机制。地方人民政府建立相应联合执法工作协调机制。

县级以上人民政府野生动物保护主管部门和其他负有野生动物保护职责的部门发现违法事实涉嫌犯罪的，应当将犯罪线索移送具有侦查、调查职权的机关。

公安机关、人民检察院、人民法院在办理野生动物保护犯罪案件过程中认为没有犯罪事实，或者犯罪事实显著轻微，不需要追究刑事责任，但应当予以行政处罚的，应当及时将案件移送县级以上人民政府野生动物保护主管部门和其他负有野生动物保护职责的部门，有关部门应当依法处理。

第三十六条　县级以上人民政府野生动物保护主管部门和其他负有野生动物保护职责的部门，在履行本法规定的职责时，可以采取下列措施：

（一）进入与违反野生动物保护管理行为有关的场所进行现场检查、调查；

（二）对野生动物进行检验、检测、抽样取证；

（三）查封、复制有关文件、资料，对可能被转移、销毁、隐匿或者篡改的文件、资料予以封存；

（四）查封、扣押无合法来源证明的野生动物及其制品，查封、扣押涉嫌非法猎捕野生动物或者非法收购、出售、加工、运输猎捕野生动物及其制品的工具、设备或者财物。

第三十七条　中华人民共和国缔结或者参加的国际公约禁止或者限制贸易的野

生动物或者其制品名录，由国家濒危物种进出口管理机构制定、调整并公布。

进出口列入前款名录的野生动物或者其制品，或者出口国家重点保护野生动物或者其制品的，应当经国务院野生动物保护主管部门或者国务院批准，并取得国家濒危物种进出口管理机构核发的允许进出口证明书。海关凭允许进出口证明书办理进出境检疫，并依法办理其他海关手续。

涉及科学技术保密的野生动物物种的出口，按照国务院有关规定办理。

列入本条第一款名录的野生动物，经国务院野生动物保护主管部门核准，按照本法有关规定进行管理。

第三十八条　禁止向境外机构或者人员提供我国特有的野生动物遗传资源。开展国际科学研究合作的，应当依法取得批准，有我国科研机构、高等学校、企业及其研究人员实质性参与研究，按照规定提出国家共享惠益的方案，并遵守我国法律、行政法规的规定。

第三十九条　国家组织开展野生动物保护及相关执法活动的国际合作与交流，加强与毗邻国家的协作，保护野生动物迁徙通道；建立防范、打击野生动物及其制品的走私和非法贸易的部门协调机制，开展防范、打击走私和非法贸易行动。

第四十条　从境外引进野生动物物种的，应当经国务院野生动物保护主管部门批准。从境外引进列入本法第三十七条第一款名录的野生动物，还应当依法取得允许进出口证明书。海关凭进口批准文件或者允许进出口证明书办理进境检疫，并依法办理其他海关手续。

从境外引进野生动物物种的，应当采取安全可靠的防范措施，防止其进入野外环境，避免对生态系统造成危害；不得违法放生、丢弃，确需将其放生至野外环境的，应当遵守有关法律法规的规定。

发现来自境外的野生动物对生态系统造成危害的，县级以上人民政府野生动物保护等有关部门应当采取相应的安全控制措施。

第四十一条　国务院野生动物保护主管部门应当会同国务院有关部门加强对放生野生动物活动的规范、引导。任何组织和个人将野生动物放生至野外环境，应当选择适合放生地野外生存的当地物种，不得干扰当地居民的正常生活、生产，避免对生态系统造成危害。具体办法由国务院野生动物保护主管部门制定。随意放生野生动物，造成他人人身、财产损害或者危害生态系统的，依法承担法律责任。

第四十二条 禁止伪造、变造、买卖、转让、租借特许猎捕证、狩猎证、人工繁育许可证及专用标识，出售、购买、利用国家重点保护野生动物及其制品的批准文件，或者允许进出口证明书、进出口等批准文件。

前款规定的有关许可证书、专用标识、批准文件的发放有关情况，应当依法公开。

第四十三条 外国人在我国对国家重点保护野生动物进行野外考察或者在野外拍摄电影、录像，应当经省、自治区、直辖市人民政府野生动物保护主管部门或者其授权的单位批准，并遵守有关法律法规的规定。

第四十四条 省、自治区、直辖市人民代表大会或者其常务委员会可以根据地方实际情况制定对地方重点保护野生动物等的管理办法。

第四章 法律责任

第四十五条 野生动物保护主管部门或者其他有关部门不依法作出行政许可决定，发现违法行为或者接到对违法行为的举报不依法处理，或者有其他滥用职权、玩忽职守、徇私舞弊等不依法履行职责的行为的，对直接负责的主管人员和其他直接责任人员依法给予处分；构成犯罪的，依法追究刑事责任。

第四十六条 违反本法第十二条第三款、第十三条第二款规定的，依照有关法律法规的规定处罚。

第四十七条 违反本法第十五条第四款规定，以收容救护为名买卖野生动物及其制品的，由县级以上人民政府野生动物保护主管部门没收野生动物及其制品、违法所得，并处野生动物及其制品价值二倍以上二十倍以下罚款，将有关违法信息记入社会信用记录，并向社会公布；构成犯罪的，依法追究刑事责任。

第四十八条 违反本法第二十条、第二十一条、第二十三条第一款、第二十四条第一款规定，有下列行为之一的，由县级以上人民政府野生动物保护主管部门、海警机构和有关自然保护地管理机构按照职责分工没收猎获物、猎捕工具和违法所得，吊销特许猎捕证，并处猎获物价值二倍以上二十倍以下罚款；没有猎获物或者猎获物价值不足五千元的，并处一万元以上十万元以下罚款；构成犯罪的，依法追究刑事责任：

（一）在自然保护地、禁猎（渔）区、禁猎（渔）期猎捕国家重点保护野生动物；

（二）未取得特许猎捕证、未按照特许猎捕证规定猎捕、杀害国家重点保护野生动物；

（三）使用禁用的工具、方法猎捕国家重点保护野生动物。

违反本法第二十三条第一款规定，未将猎捕情况向野生动物保护主管部门备案的，由核发特许猎捕证、狩猎证的野生动物保护主管部门责令限期改正；逾期不改正的，处一万元以上十万元以下罚款；情节严重的，吊销特许猎捕证、狩猎证。

第四十九条 违反本法第二十条、第二十二条、第二十三条第一款、第二十四条第一款规定，有下列行为之一的，由县级以上地方人民政府野生动物保护主管部门和有关自然保护地管理机构按照职责分工没收猎获物、猎捕工具和违法所得，吊销狩猎证，并处猎获物价值一倍以上十倍以下罚款；没有猎获物或者猎获物价值不足二千元的，并处二千元以上二万元以下罚款；构成犯罪的，依法追究刑事责任：

（一）在自然保护地、禁猎（渔）区、禁猎（渔）期猎捕有重要生态、科学、社会价值的陆生野生动物或者地方重点保护野生动物；

（二）未取得狩猎证、未按照狩猎证规定猎捕有重要生态、科学、社会价值的陆生野生动物或者地方重点保护野生动物；

（三）使用禁用的工具、方法猎捕有重要生态、科学、社会价值的陆生野生动物或者地方重点保护野生动物。

违反本法第二十条、第二十四条第一款规定，在自然保护地、禁猎区、禁猎期或者使用禁用的工具、方法猎捕其他陆生野生动物，破坏生态的，由县级以上地方人民政府野生动物保护主管部门和有关自然保护地管理机构按照职责分工没收猎获物、猎捕工具和违法所得，并处猎获物价值一倍以上三倍以下罚款；没有猎获物或者猎获物价值不足一千元的，并处一千元以上三千元以下罚款；构成犯罪的，依法追究刑事责任。

违反本法第二十三条第二款规定，未取得持枪证持枪猎捕野生动物，构成违反治安管理行为的，还应当由公安机关依法给予治安管理处罚；构成犯罪的，依法追究刑事责任。

第五十条 违反本法第三十一条第二款规定，以食用为目的猎捕、交易、运输在野外环境自然生长繁殖的国家重点保护野生动物或者有重要生态、科学、社会价值的陆生野生动物的，依照本法第四十八条、第四十九条、第五十二条的规定从重处罚。

违反本法第三十一条第二款规定，以食用为目的猎捕在野外环境自然生长繁殖的其他陆生野生动物的，由县级以上地方人民政府野生动物保护主管部门和有关自然保护地管理机构按照职责分工没收猎获物、猎捕工具和违法所得；情节严重的，并处猎获物价值一倍以上五倍以下罚款，没有猎获物或者猎获物价值不足二千元的，并处二千元以上一万元以下罚款；构成犯罪的，依法追究刑事责任。

违反本法第三十一条第二款规定，以食用为目的交易、运输在野外环境自然生长繁殖的其他陆生野生动物的，由县级以上地方人民政府野生动物保护主管部门和市场监督管理部门按照职责分工没收野生动物；情节严重的，并处野生动物价值一倍以上五倍以下罚款；构成犯罪的，依法追究刑事责任。

第五十一条 违反本法第二十五条第二款规定，未取得人工繁育许可证，繁育国家重点保护野生动物或者依照本法第二十九条第二款规定调出国家重点保护野生动物名录的野生动物的，由县级以上人民政府野生动物保护主管部门没收野生动物及其制品，并处野生动物及其制品价值一倍以上十倍以下罚款。

违反本法第二十五条第三款规定，人工繁育有重要生态、科学、社会价值的陆生野生动物或者依照本法第二十九条第二款规定调出有重要生态、科学、社会价值的陆生野生动物名录的野生动物未备案的，由县级人民政府野生动物保护主管部门责令限期改正；逾期不改正的，处五百元以上二千元以下罚款。

第五十二条 违反本法第二十八条第一款和第二款、第二十九条第一款、第三十四条第一款规定，未经批准、未取得或者未按照规定使用专用标识，或者未持有、未附有人工繁育许可证、批准文件的副本或者专用标识出售、购买、利用、运输、携带、寄递国家重点保护野生动物及其制品或者依照本法第二十九条第二款规定调出国家重点保护野生动物名录的野生动物及其制品的,由县级以上人民政府野生动物保护主管部门和市场监督管理部门按照职责分工没收野生动物及其制品和违法所得,责令关闭违法经营场所,并处野生动物及其制品价值二倍以上二十倍以下罚款;情节严重的,吊销人工繁育许可证、撤销批准文件、收回专用标识;构成犯罪的,依法追究刑事责任。

违反本法第二十八条第三款、第二十九条第一款、第三十四条第二款规定,未持有合法来源证明或者专用标识出售、利用、运输、携带、寄递有重要生态、科学、社会价值的陆生野生动物、地方重点保护野生动物或者依照本法第二十九条第二款规定调出有重要生态、科学、社会价值的陆生野生动物名录的野生动物及其制品的,由县级以上地方人民政府野生动物保护主管部门和市场监督管理部门按照职责分工没收野生动物,并处野生动物价值一倍以上十倍以下罚款;构成犯罪的,依法追究刑事责任。

违反本法第三十四条第四款规定,铁路、道路、水运、民航、邮政、快递等企业未按照规定查验或者承运、寄递野生动物及其制品的,由交通运输、铁路监督管理、民用航空、邮政管理等相关主管部门按照职责分工没收违法所得,并处违法所得一倍以上五倍以下罚款;情节严重的,吊销经营许可证。

第五十三条 违反本法第三十一条第一款、第四款规定,食用或者为食用非法购买本法规定保护的野生动物及其制品的,由县级以上人民政府野生动物保护主管部门和市场监督管理部门按照职责分工责令停止违法行为,没收野生动物及其制品,并处野生动物及其制品价值二倍以上二十倍以下罚款;食用或者为食用非法购买其他陆生野生动物及其制品的,责令停止违法行为,给予批评教育,没收野生动物及其制品,情节严重的,并处野生动物及其制品价值一倍以上五倍以下罚款;构成犯罪的,依法追究刑事责任。

违反本法第三十一条第三款规定,生产、经营使用本法规定保护的野生动物及其制品制作的食品的,由县级以上人民政府野生动物保护主管部门和市场监督管理部门按照职责分工责令停止违法行为,没收野生动物及其制品和违法所得,责令关闭违法经营场所,并处违法所得十五倍以上三十倍以下罚款;生产、经营使用其他陆生野生动物及其制品制作的食品的，给予批评教育，没收野生动物及其制品和违法所得，情节严重的，并处违法所得一倍以上十倍以下罚款；构成犯罪的，依法追究刑事责任。

第五十四条 违反本法第三十二条规定，为出售、购买、利用野生动物及其制品或者禁止使用的猎捕工具发布广告的，依照《中华人民共和国广告法》的规定处罚。

第五十五条 违反本法第三十三条规定，为违法出售、购买、食用及利用野生动物及其制品或者禁止使用的猎捕工具提供展示、交易、消费服务的，由县级以上人民政府市场监督管理部门责令停止违法行为，限期改正，没收违法所得，并处违法所得二倍以上十倍以下罚款；没有违法所得或者违法所得不足五千元的，处一万元以上十万元以下罚款；构成犯罪的，依法追究刑事责任。

第五十六条 违反本法第三十七条规定，进出口野生动物及其制品的，由海关、公安机关、海警机构依照法律、行政法规和国家有关规定处罚；构成犯罪的，依法追究刑事责任。

第五十七条 违反本法第三十八条规定，向境外机构或者人员提供我国特有的野生动物遗传资源的，由县级以上人民政府野生动物保护主管部门没收野生动物及其制品和违法所得，并处野生动物及其制品价值或者违法所得一倍以上五倍以下罚款；构成犯罪的，依法追究刑事责任。

第五十八条 违反本法第四十条第一款规定，从境外引进野生动物物种的，由县级以上人民政府野生动物保护主管部门没收所引进的野生动物，并处五万元以上五十万元以下罚款；未依法实施进境检疫的，依照《中华人民共和国进出境动植物检疫法》的规定处罚；构成犯罪的，依法追究刑事责任。

第五十九条 违反本法第四十条第二款规定，将从境外引进的野生动物放生、丢弃的，由县级以上人民政府野生动物保护主管部门责令限期捕回，处一万元以上十万元以下罚款；逾期不捕回的，由有关野生动物保护主管部门代为捕回或者采取降低影响的措施，所需费用由被责令限期捕回者承担；构成犯罪的，依法追究刑事责任。

第六十条 违反本法第四十二条第一款规定，伪造、变造、买卖、转让、租借有关证件、专用标识或者有关批准文件的，由县级以上人民政府野生动物保护主管部门没收违法证件、专用标识、有关批准文件和违法所得，并处五万元以上五十万元以下罚款；构成违反治安管理行为的，由公安机关依法给予治安管理处罚；构成犯罪的，依法追究刑事责任。

第六十一条　县级以上人民政府野生动物保护主管部门和其他负有野生动物保护职责的部门、机构应当按照有关规定处理罚没的野生动物及其制品，具体办法由国务院野生动物保护主管部门会同国务院有关部门制定。

第六十二条　县级以上人民政府野生动物保护主管部门应当加强对野生动物及其制品鉴定、价值评估工作的规范、指导。本法规定的猎获物价值、野生动物及其制品价值的评估标准和方法，由国务院野生动物保护主管部门制定。

第六十三条　对违反本法规定破坏野生动物资源、生态环境，损害社会公共利益的行为，可以依照《中华人民共和国环境保护法》、《中华人民共和国民事诉讼法》、《中华人民共和国行政诉讼法》等法律的规定向人民法院提起诉讼。

第五章　附　　则

第六十四条　本法自2023年5月1日起施行。

附录2

野生动物收容救护管理办法

国家林业局令第47号

《野生动物收容救护管理办法》已经2017年9月29日国家林业局局务会议审议通过，现予公布，自2018年1月1日起施行。

国家林业局局长　张建龙

2017年12月1日

第一条　为了规范野生动物收容救护行为，依据《中华人民共和国野生动物保护法》等有关法律法规，制定本办法。

第二条　从事野生动物收容救护活动的，应当遵守本办法。

本办法所称野生动物，是指依法受保护的陆生野生动物。

第三条　野生动物收容救护应当遵循及时、就地、就近、科学的原则。

禁止以收容救护为名买卖野生动物及其制品。

第四条　国家林业局负责组织、指导、监督全国野生动物收容救护工作。县级以上地方人民政府林业主管部门负责本行政区域内野生动物收容救护的组织实施、监督和管理工作。

县级以上地方人民政府林业主管部门应当按照有关规定明确野生动物收容救护机构，保障人员和经费，加强收容救护工作。

县级以上地方人民政府林业主管部门依照本办法开展收容救护工作，需要跨行政区域的或者需要其他行政区域予以协助的，双方林业主管部门应当充分协商、积极配合。必要时，可以由共同的上级林业主管部门统一协调。

第五条　野生动物收容救护机构应当按照同级人民政府林业主管部门的要求和

野生动物收容救护的实际需要，建立收容救护场所，配备相应的专业技术人员、救护工具、设备和药品等。

县级以上地方人民政府林业主管部门及其野生动物收容救护机构可以根据需要，组织从事野生动物科学研究、人工繁育等活动的组织和个人参与野生动物收容救护工作。

第六条 县级以上地方人民政府林业主管部门应当公布野生动物收容救护机构的名称、地址和联系方式等相关信息。

任何组织和个人发现因受伤、受困等野生动物需要收容救护的，应当及时报告当地林业主管部门及其野生动物收容救护机构。

第七条 有下列情况之一的，野生动物收容救护机构应当进行收容救护：

（一）执法机关、其他组织和个人移送的野生动物；

（二）野外发现的受伤、病弱、饥饿、受困等需要救护的野生动物，经简单治疗后还无法回归野外环境的；

（三）野外发现的可能危害当地生态系统的外来野生动物；

（四）其他需要收容救护的野生动物。

国家或者地方重点保护野生动物受到自然灾害、重大环境污染事故等突发事件威胁时，野生动物收容救护机构应当按照当地人民政府的要求及时采取应急救助措施。

第八条 野生动物收容救护机构接收野生动物时，应当进行登记，记明移送人姓名、地址、联系方式、野生动物种类、数量、接收时间等事项，并向移送人出具接收凭证。

第九条 野生动物收容救护机构对收容救护的野生动物，应当按照有关技术规范进行隔离检查、检疫，对受伤或者患病的野生动物进行治疗。

第十条 野生动物收容救护机构应当按照以下规定处理收容救护的野生动物：

（一）对体况良好、无需再采取治疗措施或者经治疗后体况恢复、具备野外生存能力的野生动物，应当按照有关规定，选择适合该野生动物生存的野外环境放至野外；

（二）对收容救护后死亡的野生动物，应当进行检疫；检疫不合格的，应当采取无害化处理措施；检疫合格且按照规定需要保存的，应当采取妥当措施予以保存；

（三）对经救护治疗但仍不适宜放至野外的野生动物和死亡后经检疫合格、确有利用价值的野生动物及其制品，属于国家重点保护野生动物及其制品的，依照《中华人民共和国野生动物保护法》的规定由具有相应批准权限的省级以上人民政府林业主管部门统一调配；其他野生动物及其制品，由县级以上地方人民政府林业主管部门依照有关规定调配处理。

处理执法机关查扣后移交的野生动物，事先应当征求原执法机关的意见，还应当遵守罚没物品处理的有关规定。

第十一条 野生动物收容救护机构应当建立野生动物收容救护档案，记录收容救护的野生动物种类、数量、措施、状况等信息。

野生动物收容救护机构应当将处理收容救护野生动物的全过程予以记录，制作书面记录材料；必要时，还应当制作全过程音视频记录。

第十二条 野生动物收容救护机构应当将收容救护野生动物的有关情况，按照年度向同级人民政府林业主管部门报告。

县级以上地方人民政府林业主管部门应当将本行政区域内收容救护野生动物总体情况，按照年度向上级林业主管部门报告。

第十三条 从事野生动物收容救护活动成绩显著的组织和个人，按照《中华人民共和国野生动物保护法》有关规定予以奖励。

参与野生动物收容救护的组织和个人按照林业主管部门及其野生动物收容救护机构的规定开展野生动物收容救护工作，县级以上人民政府林业主管部门可以根据有关规定予以适当补助。

第十四条 县级以上人民政府林业主管部门应当加强对本行政区域内收容救护野生动物活动进行监督检查。

第十五条 野生动物收容救护机构或者其他组织和个人以收容救护野生动物为名买卖野生动物及其制品的，按照《中华人民共和国野生动物保护法》规定予以处理。

第十六条 本办法自2018年1月1日起施行。

附录3

国家畜禽遗传资源品种名录（2021年版）
［摘录］

【特种畜禽部分】

一、梅花鹿

（一）地方品种

吉林梅花鹿

（二）培育品种

1. 四平梅花鹿
2. 敖东梅花鹿
3. 东丰梅花鹿
4. 兴凯湖梅花鹿
5. 双阳梅花鹿
6. 西丰梅花鹿
7. 东大梅花鹿

二、马鹿

（一）地方品种

东北马鹿

（二）培育品种

1. 清原马鹿
2. 塔河马鹿
3. 伊河马鹿

（三）引入品种

新西兰赤鹿

三、驯鹿

地方品种

敖鲁古雅驯鹿

四、羊驼

引入品种

羊驼

五、火鸡

（一）地方品种

闽南火鸡

（二）引入品种

1. 尼古拉斯火鸡
2. 青铜火鸡

（三）引入配套系

1. BUT火鸡
2. 贝蒂纳火鸡

六、珍珠鸡

引入品种

珍珠鸡

七、雉鸡

（一）地方品种

1. 中国山鸡

2. 天峨六画山鸡

（二）培育品种

　　1. 左家雉鸡

　　2. 申鸿七彩雉

（三）引入品种

　　美国七彩山鸡

八、鹧鸪

引入品种

　　鹧鸪

九、番鸭

（一）地方品种

　　中国番鸭

（二）培育配套系

　　温氏白羽番鸭1号

（三）引入品种

　　番鸭

（四）引入配套系

　　克里莫番鸭

十、绿头鸭

引入品种

　　绿头鸭

十一、鸵鸟

引入品种

　　1. 非洲黑鸵鸟

　　2. 红颈鸵鸟

　　3. 蓝颈鸵鸟

十二、鹌鹑

引入品种

　　鹌鹑

十三、水貂（非食用）

（一）培育品种

　　1. 吉林白水貂

　　2. 金州黑色十字水貂

　　3. 山东黑褐色标准水貂

　　4. 东北黑褐色标准水貂

　　5. 米黄色水貂

　　6. 金州黑色标准水貂

　　7. 明华黑色水貂

　　8. 名威银蓝水貂

（二）引入品种

　　1. 银蓝色水貂

　　2. 短毛黑色水貂

十四、银狐（非食用）

引入品种

　　1. 北美赤狐

　　2. 银黑狐

十五、北极狐（非食用）

引入品种

　　北极狐

十六、貉（非食用）

（一）地方品种

　　乌苏里貉

（二）培育品种

　　吉林白貉

附录4

国家重点保护野生动物名录

中文名	学名	保护级别	备注
脊索动物门 CHORDATA			
哺乳纲 MAMMALIA			
灵长目#	PRIMATES		
懒猴科	Lorisidae		
蜂猴	*Nycticebus bengalensis*	一级	
倭蜂猴	*Nycticebus pygmaeus*	一级	
猴科	Cercopithecidae		
短尾猴	*Macaca arctoides*	二级	
熊猴	*Macaca assamensis*	二级	
台湾猴	*Macaca cyclopis*	一级	
北豚尾猴	*Macaca leonina*	一级	原名"豚尾猴"
白颊猕猴	*Macaca leucogenys*	二级	
猕猴	*Macaca mulatta*	二级	
藏南猕猴	*Macaca munzala*	二级	
藏酋猴	*Macaca thibetana*	二级	
喜山长尾叶猴	*Semnopithecus schistaceus*	一级	
印支灰叶猴	*Trachypithecus crepusculus*	一级	
黑叶猴	*Trachypithecus francoisi*	一级	
菲氏叶猴	*Trachypithecus phayrei*	一级	
戴帽叶猴	*Trachypithecus pileatus*	一级	
白头叶猴	*Trachypithecus leucocephalus*	一级	
肖氏乌叶猴	*Trachypithecus shortridgei*	一级	
滇金丝猴	*Rhinopithecus bieti*	一级	
黔金丝猴	*Rhinopithecus brelichi*	一级	
川金丝猴	*Rhinopithecus roxellana*	一级	
怒江金丝猴	*Rhinopithecus strykeri*	一级	
长臂猿科	Hylobatidae		
西白眉长臂猿	*Hoolock hoolock*	一级	

（续表）

中文名	学名	保护级别	备注
东白眉长臂猿	*Hoolock leuconedys*	一级	
高黎贡白眉长臂猿	*Hoolock tianxing*	一级	
白掌长臂猿	*Hylobates lar*	一级	
西黑冠长臂猿	*Nomascus concolor*	一级	
东黑冠长臂猿	*Nomascus nasutus*	一级	
海南长臂猿	*Nomascus hainanus*	一级	
北白颊长臂猿	*Nomascus leucogenys*	一级	
鳞甲目#	**PHOLIDOTA**		
鲮鲤科	**Manidae**		
印度穿山甲	*Manis crassicaudata*	一级	
马来穿山甲	*Manis javanica*	一级	
穿山甲	*Manis pentadactyla*	一级	
食肉目	**CARNIVORA**		
犬科	**Canidae**		
狼	*Canis lupus*	二级	
亚洲胡狼	*Canis aureus*	二级	
豺	*Cuon alpinus*	一级	
貉	*Nyctereutes procyonoides*	二级	仅限野外种群
沙狐	*Vulpes corsac*	二级	
藏狐	*Vulpes ferrilata*	二级	
赤狐	*Vulpes vulpes*	二级	
熊科#	**Ursidae**		
懒熊	*Melursus ursinus*	二级	
马来熊	*Helarctos malayanus*	一级	
棕熊	*Ursus arctos*	二级	
黑熊	*Ursus thibetanus*	二级	
大熊猫科#	**Ailuropodidae**		
大熊猫	*Ailuropoda melanoleuca*	一级	
小熊猫科#	**Ailuridae**		
小熊猫	*Ailurus fulgens*	二级	
鼬科	**Mustelidae**		
黄喉貂	*Martes flavigula*	二级	

（续表）

中文名	学名	保护级别	备注
石貂	*Martes foina*	二级	
紫貂	*Martes zibellina*	一级	
貂熊	*Gulo gulo*	一级	
*小爪水獭	*Aonyx cinerea*	二级	
*水獭	*Lutra lutra*	二级	
*江獭	*Lutrogale perspicillata*	二级	
灵猫科	**Viverridae**		
大斑灵猫	*Viverra megaspila*	一级	
大灵猫	*Viverra zibetha*	一级	
小灵猫	*Viverricula indica*	一级	
椰子猫	*Paradoxurus hermaphroditus*	二级	
熊狸	*Arctictis binturong*	一级	
小齿狸	*Arctogalidia trivirgata*	一级	
缟灵猫	*Chrotogale owstoni*	一级	
林狸科	**Prionodontidae**		
斑林狸	*Prionodon pardicolor*	二级	
猫科#	**Felidae**		
荒漠猫	*Felis bieti*	一级	
丛林猫	*Felis chaus*	一级	
草原斑猫	*Felis silvestris*	二级	
渔猫	*Felis viverrinus*	二级	
兔狲	*Otocolobus manul*	二级	
猞猁	*Lynx lynx*	二级	
云猫	*Pardofelis marmorata*	二级	
金猫	*Pardofelis temminckii*	一级	
豹猫	*Prionailurus bengalensis*	二级	
云豹	*Neofelis nebulosa*	一级	
豹	*Panthera pardus*	一级	
虎	*Panthera tigris*	一级	
雪豹	*Panthera uncia*	一级	
海狮科#	**Otariidae**		
*北海狗	*Callorhinus ursinus*	二级	

（续表）

中文名	学名	保护级别	备注
*北海狮	*Eumetopias jubatus*	二级	
海豹科#	**Phocidae**		
*西太平洋斑海豹	*Phoca largha*	一级	原名"斑海豹"
*髯海豹	*Erignathus barbatus*	二级	
*环海豹	*Pusa hispida*	二级	
长鼻目#	**PROBOSCIDEA**		
象科	**Elephantidae**		
亚洲象	*Elephas maximus*	一级	
奇蹄目	**PERISSODACTYLA**		
马科	**Equidae**		
普氏野马	*Equus ferus*	一级	原名"野马"
蒙古野驴	*Equus hemionus*	一级	
藏野驴	*Equus kiang*	一级	原名"西藏野驴"
偶蹄目	**ARTIODACTYLA**		
骆驼科	**Camelidae**		原名"驼科"
野骆驼	*Camelus ferus*	一级	
鼷鹿科#	**Tragulidae**		
威氏鼷鹿	*Tragulus williamsoni*	一级	原名"鼷鹿"
麝科#	**Moschidae**		
安徽麝	*Moschus anhuiensis*	一级	
林麝	*Moschus berezovskii*	一级	
马麝	*Moschus chrysogaster*	一级	
黑麝	*Moschus fuscus*	一级	
喜马拉雅麝	*Moschus leucogaster*	一级	
原麝	*Moschus moschiferus*	一级	
鹿科	**Cervidae**		
獐	*Hydropotes inermis*	二级	原名"河麂"
黑麂	*Muntiacus crinifrons*	一级	
贡山麂	*Muntiacus gongshanensis*	二级	
海南麂	*Muntiacus nigripes*	二级	
豚鹿	*Axis porcinus*	一级	
水鹿	*Cervus equinus*	二级	

（续表）

中文名	学名	保护级别	备注
梅花鹿	*Cervus nippon*	一级	仅限野外种群
马鹿	*Cervus canadensis*	二级	仅限野外种群
西藏马鹿（包括白臀鹿）	*Cervus wallichii* (*C. w. macneilli*)	一级	
塔里木马鹿	*Cervus yarkandensis*	一级	仅限野外种群
坡鹿	*Panolia siamensis*	一级	
白唇鹿	*Przewalskium albirostris*	一级	
麋鹿	*Elaphurus davidianus*	一级	
毛冠鹿	*Elaphodus cephalophus*	二级	
驼鹿	*Alces alces*	一级	
牛科	**Bovidae**		
野牛	*Bos gaurus*	一级	
爪哇野牛	*Bos javanicus*	一级	
野牦牛	*Bos mutus*	一级	
蒙原羚	*Procapra gutturosa*	一级	原名"黄羊"
藏原羚	*Procapra picticaudata*	二级	
普氏原羚	*Procapra przewalskii*	一级	
鹅喉羚	*Gazella subgutturosa*	二级	
藏羚	*Pantholops hodgsonii*	一级	
高鼻羚羊	*Saiga tatarica*	一级	
秦岭羚牛	*Budorcas bedfordi*	一级	
四川羚牛	*Budorcas tibetanus*	一级	
不丹羚牛	*Budorcas whitei*	一级	
贡山羚牛	*Budorcas taxicolor*	一级	
赤斑羚	*Naemorhedus baileyi*	一级	
长尾斑羚	*Naemorhedus caudatus*	二级	
缅甸斑羚	*Naemorhedus evansi*	二级	
喜马拉雅斑羚	*Naemorhedus goral*	一级	
中华斑羚	*Naemorhedus griseus*	二级	
塔尔羊	*Hemitragus jemlahicus*	一级	
北山羊	*Capra sibirica*	二级	
岩羊	*Pseudois nayaur*	二级	

（续表）

中文名	学名	保护级别	备注
阿尔泰盘羊	*Ovis ammon*	二级	
哈萨克盘羊	*Ovis collium*	二级	
戈壁盘羊	*Ovis darwini*	二级	
西藏盘羊	*Ovis hodgsoni*	一级	
天山盘羊	*Ovis karelini*	二级	
帕米尔盘羊	*Ovis polii*	二级	
中华鬣羚	*Capricornis milneedwardsii*	二级	
红鬣羚	*Capricornis rubidus*	二级	
台湾鬣羚	*Capricornis swinhoei*	一级	
喜马拉雅鬣羚	*Capricornis thar*	一级	
啮齿目	**RODENTIA**		
河狸科#	**Castoridae**		
河狸	*Castor fiber*	一级	
松鼠科	**Sciuridae**		
巨松鼠	*Ratufa bicolor*	二级	
兔形目	**LAGOMORPHA**		
鼠兔科	**Ochotonidae**		
贺兰山鼠兔	*Ochotona argentata*	二级	
伊犁鼠兔	*Ochotona iliensis*	二级	
兔科	**Leporidae**		
粗毛兔	*Caprolagus hispidus*	二级	
海南兔	*Lepus hainanus*	二级	
雪兔	*Lepus timidus*	二级	
塔里木兔	*Lepus yarkandensis*	二级	
海牛目#	**SIRENIA**		
儒艮科	**Dugongidae**		
*儒艮	*Dugong dugon*	一级	
鲸目#	**CETACEA**		
露脊鲸科	**Balaenidae**		
*北太平洋露脊鲸	*Eubalaena japonica*	一级	
灰鲸科	**Eschrichtiidae**		
*灰鲸	*Eschrichtius robustus*	一级	

（续表）

中文名	学名	保护级别	备注
须鲸科	**Balaenopteridae**		
*蓝鲸	*Balaenoptera musculus*	一级	
*小须鲸	*Balaenoptera acutorostrata*	一级	
*塞鲸	*Balaenoptera borealis*	一级	
*布氏鲸	*Balaenoptera edeni*	一级	
*大村鲸	*Balaenoptera omurai*	一级	
*长须鲸	*Balaenoptera physalus*	一级	
*大翅鲸	*Megaptera novaeangliae*	一级	
白鱀豚科	**Lipotidae**		
*白鱀豚	*Lipotes vexillifer*	一级	
恒河豚科	**Platanistidae**		
*恒河豚	*Platanista gangetica*	一级	
海豚科	**Delphinidae**		
*中华白海豚	*Sousa chinensis*	一级	
*糙齿海豚	*Steno bredanensis*	二级	
*热带点斑原海豚	*Stenella attenuata*	二级	
*条纹原海豚	*Stenella coeruleoalba*	二级	
*飞旋原海豚	*Stenella longirostris*	二级	
*长喙真海豚	*Delphinus capensis*	二级	
*真海豚	*Delphinus delphis*	二级	
*印太瓶鼻海豚	*Tursiops aduncus*	二级	
*瓶鼻海豚	*Tursiops truncatus*	二级	
*弗氏海豚	*Lagenodelphis hosei*	二级	
*里氏海豚	*Grampus griseus*	二级	
*太平洋斑纹海豚	*Lagenorhynchus obliquidens*	二级	
*瓜头鲸	*Peponocephala electra*	二级	
*虎鲸	*Orcinus orca*	二级	
*伪虎鲸	*Pseudorca crassidens*	二级	
*小虎鲸	*Feresa attenuata*	二级	
*短肢领航鲸	*Globicephala macrorhynchus*	二级	
鼠海豚科	**Phocoenidae**		
*长江江豚	*Neophocaena asiaeorientalis*	一级	

（续表）

中文名	学名	保护级别	备注
*东亚江豚	*Neophocaena sunameri*	二级	
*印太江豚	*Neophocaena phocaenoides*	二级	
抹香鲸科	**Physeteridae**		
*抹香鲸	*Physeter macrocephalus*	一级	
*小抹香鲸	*Kogia breviceps*	二级	
*侏抹香鲸	*Kogia sima*	二级	
喙鲸科	**Ziphidae**		
*鹅喙鲸	*Ziphius cavirostris*	二级	
*柏氏中喙鲸	*Mesoplodon densirostris*	二级	
*银杏齿中喙鲸	*Mesoplodon ginkgodens*	二级	
*小中喙鲸	*Mesoplodon peruvianus*	二级	
*贝氏喙鲸	*Berardius bairdii*	二级	
*朗氏喙鲸	*Indopacetus pacificus*	二级	
鸟纲 AVES			
鸡形目	**GALLIFORMES**		
雉科	**Phasianidae**		
环颈山鹧鸪	*Arborophila torqueola*	二级	
四川山鹧鸪	*Arborophila rufipectus*	一级	
红喉山鹧鸪	*Arborophila rufogularis*	二级	
白眉山鹧鸪	*Arborophila gingica*	二级	
白颊山鹧鸪	*Arborophila atrogularis*	二级	
褐胸山鹧鸪	*Arborophila brunneopectus*	二级	
红胸山鹧鸪	*Arborophila mandellii*	二级	
台湾山鹧鸪	*Arborophila crudigularis*	二级	
海南山鹧鸪	*Arborophila ardens*	一级	
绿脚树鹧鸪	*Tropicoperdix chloropus*	二级	
花尾榛鸡	*Tetrastes bonasia*	二级	
斑尾榛鸡	*Tetrastes sewerzowi*	一级	
镰翅鸡	*Falcipennis falcipennis*	二级	
松鸡	*Tetrao urogallus*	二级	
黑嘴松鸡	*Tetrao urogalloides*	一级	原名"细嘴松鸡"
黑琴鸡	*Lyrurus tetrix*	一级	

（续表）

中文名	学名	保护级别	备注
岩雷鸟	*Lagopus muta*	二级	
柳雷鸟	*Lagopus lagopus*	二级	
红喉雉鹑	*Tetraophasis obscurus*	一级	
黄喉雉鹑	*Tetraophasis szechenyii*	一级	
暗腹雪鸡	*Tetraogallus himalayensis*	二级	
藏雪鸡	*Tetraogallus tibetanus*	二级	
阿尔泰雪鸡	*Tetraogallus altaicus*	二级	
大石鸡	*Alectoris magna*	二级	
血雉	*Ithaginis cruentus*	二级	
黑头角雉	*Tragopan melanocephalus*	一级	
红胸角雉	*Tragopan satyra*	一级	
灰腹角雉	*Tragopan blythii*	一级	
红腹角雉	*Tragopan temminckii*	二级	
黄腹角雉	*Tragopan caboti*	一级	
勺鸡	*Pucrasia macrolopha*	二级	
棕尾虹雉	*Lophophorus impejanus*	一级	
白尾梢虹雉	*Lophophorus sclateri*	一级	
绿尾虹雉	*Lophophorus lhuysii*	一级	
红原鸡	*Gallus gallus*	二级	原名"原鸡"
黑鹇	*Lophura leucomelanos*	二级	
白鹇	*Lophura nycthemera*	二级	
蓝腹鹇	*Lophura swinhoii*	一级	原名"蓝鹇"
白马鸡	*Crossoptilon crossoptilon*	二级	
藏马鸡	*Crossoptilon harmani*	二级	
褐马鸡	*Crossoptilon mantchuricum*	一级	
蓝马鸡	*Crossoptilon auritum*	二级	
白颈长尾雉	*Syrmaticus ellioti*	一级	
黑颈长尾雉	*Syrmaticus humiae*	一级	
黑长尾雉	*Syrmaticus mikado*	一级	
白冠长尾雉	*Syrmaticus reevesii*	一级	
红腹锦鸡	*Chrysolophus pictus*	二级	
白腹锦鸡	*Chrysolophus amherstiae*	二级	

（续表）

中文名	学名	保护级别	备注
灰孔雀雉	*Polyplectron bicalcaratum*	一级	
海南孔雀雉	*Polyplectron katsumatae*	一级	
绿孔雀	*Pavo muticus*	一级	
雁形目	**ANSERIFORMES**		
鸭科	**Anatidae**		
栗树鸭	*Dendrocygna javanica*	二级	
鸿雁	*Anser cygnoid*	二级	
白额雁	*Anser albifrons*	二级	
小白额雁	*Anser erythropus*	二级	
红胸黑雁	*Branta ruficollis*	二级	
疣鼻天鹅	*Cygnus olor*	二级	
小天鹅	*Cygnus columbianus*	二级	
大天鹅	*Cygnus cygnus*	二级	
鸳鸯	*Aix galericulata*	二级	
棉凫	*Nettapus coromandelianus*	二级	
花脸鸭	*Sibirionetta formosa*	二级	
云石斑鸭	*Marmaronetta angustirostris*	二级	
青头潜鸭	*Aythya baeri*	一级	
斑头秋沙鸭	*Mergellus albellus*	二级	
中华秋沙鸭	*Mergus squamatus*	一级	
白头硬尾鸭	*Oxyura leucocephala*	一级	
白翅栖鸭	*Asarcornis scutulata*	二级	
䴙䴘目	**PODICIPEDIFORMES**		
䴙䴘科	**Podicipedidae**		
赤颈䴙䴘	*Podiceps grisegena*	二级	
角䴙䴘	*Podiceps auritus*	二级	
黑颈䴙䴘	*Podiceps nigricollis*	二级	
鸽形目	**COLUMBIFORMES**		
鸠鸽科	**Columbidae**		
中亚鸽	*Columba eversmanni*	二级	
斑尾林鸽	*Columba palumbus*	二级	
紫林鸽	*Columba punicea*	二级	

(续表)

中文名	学名	保护级别	备注
斑尾鹃鸠	*Macropygia unchall*	二级	
菲律宾鹃鸠	*Macropygia tenuirostris*	二级	
小鹃鸠	*Macropygia ruficeps*	一级	原名"棕头鹃鸠"
橙胸绿鸠	*Treron bicinctus*	二级	
灰头绿鸠	*Treron pompadora*	二级	
厚嘴绿鸠	*Treron curvirostra*	二级	
黄脚绿鸠	*Treron phoenicopterus*	二级	
针尾绿鸠	*Treron apicauda*	二级	
楔尾绿鸠	*Treron sphenurus*	二级	
红翅绿鸠	*Treron sieboldii*	二级	
红顶绿鸠	*Treron formosae*	二级	
黑颏果鸠	*Ptilinopus leclancheri*	二级	
绿皇鸠	*Ducula aenea*	二级	
山皇鸠	*Ducula badia*	二级	
沙鸡目	**PTEROCLIFORMES**		
沙鸡科	**Pteroclidae**		
黑腹沙鸡	*Pterocles orientalis*	二级	
夜鹰目	**CAPRIMULGIFORMES**		
蛙口夜鹰科	**Podargidae**		
黑顶蛙口夜鹰	*Batrachostomus hodgsoni*	二级	
凤头雨燕科	**Hemiprocnidae**		
凤头雨燕	*Hemiprocne coronata*	二级	
雨燕科	**Apodidae**		
爪哇金丝燕	*Aerodramus fuciphagus*	二级	
灰喉针尾雨燕	*Hirundapus cochinchinensis*	二级	
鹃形目	**CUCULIFORMES**		
杜鹃科	**Cuculidae**		
褐翅鸦鹃	*Centropus sinensis*	二级	
小鸦鹃	*Centropus bengalensis*	二级	
鸨形目#	**OTIDIFORMES**		
鸨科	**Otididae**		
大鸨	*Otis tarda*	一级	

(续表)

中文名	学名	保护级别	备注
波斑鸨	*Chlamydotis macqueenii*	一级	
小鸨	*Tetrax tetrax*	一级	
鹤形目	**GRUIFORMES**		
秧鸡科	**Rallidae**		
花田鸡	*Coturnicops exquisitus*	二级	
长脚秧鸡	*Crex crex*	二级	
棕背田鸡	*Zapornia bicolor*	二级	
姬田鸡	*Zapornia parva*	二级	
斑胁田鸡	*Zapornia paykullii*	二级	
紫水鸡	*Porphyrio porphyrio*	二级	
鹤科#	**Gruidae**		
白鹤	*Grus leucogeranus*	一级	
沙丘鹤	*Grus canadensis*	二级	
白枕鹤	*Grus vipio*	一级	
赤颈鹤	*Grus antigone*	一级	
蓑羽鹤	*Grus virgo*	二级	
丹顶鹤	*Grus japonensis*	一级	
灰鹤	*Grus grus*	二级	
白头鹤	*Grus monacha*	一级	
黑颈鹤	*Grus nigricollis*	一级	
鸻形目	**CHARADRIIFORMES**		
石鸻科	**Burhinidae**		
大石鸻	*Esacus recurvirostris*	二级	
鹮嘴鹬科	**Ibidorhynchidae**		
鹮嘴鹬	*Ibidorhyncha struthersii*	二级	
鸻科	**Charadriidae**		
黄颊麦鸡	*Vanellus gregarius*	二级	
水雉科	**Jacanidae**		
水雉	*Hydrophasianus chirurgus*	二级	
铜翅水雉	*Metopidius indicus*	二级	
鹬科	**Scolopacidae**		
林沙锥	*Gallinago nemoricola*	二级	

（续表）

中文名	学名	保护级别	备注
半蹼鹬	*Limnodromus semipalmatus*	二级	
小杓鹬	*Numenius minutus*	二级	
白腰杓鹬	*Numenius arquata*	二级	
大杓鹬	*Numenius madagascariensis*	二级	
小青脚鹬	*Tringa guttifer*	一级	
翻石鹬	*Arenaria interpres*	二级	
大滨鹬	*Calidris tenuirostris*	二级	
勺嘴鹬	*Calidris pygmaea*	一级	
阔嘴鹬	*Calidris falcinellus*	二级	
燕鸻科	**Glareolidae**		
灰燕鸻	*Glareola lactea*	二级	
鸥科	**Laridae**		
黑嘴鸥	*Saundersilarus saundersi*	一级	
小鸥	*Hydrocoloeus minutus*	二级	
遗鸥	*Ichthyaetus relictus*	一级	
大凤头燕鸥	*Thalasseus bergii*	二级	
中华凤头燕鸥	*Thalasseus bernsteini*	一级	原名"黑嘴端凤头燕鸥"
河燕鸥	*Sterna aurantia*	一级	原名"黄嘴河燕鸥"
黑腹燕鸥	*Sterna acuticauda*	二级	
黑浮鸥	*Chlidonias niger*	二级	
海雀科	**Alcidae**		
冠海雀	*Synthliboramphus wumizusume*	二级	
鹱形目	**PROCELLARIIFORMES**		
信天翁科	**Diomedeidae**		
黑脚信天翁	*Phoebastria nigripes*	一级	
短尾信天翁	*Phoebastria albatrus*	一级	
鹳形目	**CICONIIFORMES**		
鹳科	**Ciconiidae**		
彩鹳	*Mycteria leucocephala*	一级	
黑鹳	*Ciconia nigra*	一级	
白鹳	*Ciconia ciconia*	一级	
东方白鹳	*Ciconia boyciana*	一级	

（续表）

中文名	学名	保护级别	备注
秃鹳	*Leptoptilos javanicus*	二级	
鲣鸟目	**SULIFORMES**		
军舰鸟科	**Fregatidae**		
白腹军舰鸟	*Fregata andrewsi*	一级	
黑腹军舰鸟	*Fregata minor*	二级	
白斑军舰鸟	*Fregata ariel*	二级	
鲣鸟科#	**Sulidae**		
蓝脸鲣鸟	*Sula dactylatra*	二级	
红脚鲣鸟	*Sula sula*	二级	
褐鲣鸟	*Sula leucogaster*	二级	
鸬鹚科	**Phalacrocoracidae**		
黑颈鸬鹚	*Microcarbo niger*	二级	
海鸬鹚	*Phalacrocorax pelagicus*	二级	
鹈形目	**PELECANIFORMES**		
鹮科	**Threskiornithidae**		
黑头白鹮	*Threskiornis melanocephalus*	一级	原名"白鹮"
白肩黑鹮	*Pseudibis davisoni*	一级	原名"黑鹮"
朱鹮	*Nipponia nippon*	一级	
彩鹮	*Plegadis falcinellus*	一级	
白琵鹭	*Platalea leucorodia*	二级	
黑脸琵鹭	*Platalea minor*	一级	
鹭科	**Ardeidae**		
小苇鳽	*Ixobrychus minutus*	二级	
海南鳽	*Gorsachius magnificus*	一级	原名"海南虎斑鳽"
栗头鳽	*Gorsachius goisagi*	二级	
黑冠鳽	*Gorsachius melanolophus*	二级	
白腹鹭	*Ardea insignis*	一级	
岩鹭	*Egretta sacra*	二级	
黄嘴白鹭	*Egretta eulophotes*	一级	
鹈鹕科#	**Pelecanidae**		
白鹈鹕	*Pelecanus onocrotalus*	一级	
斑嘴鹈鹕	*Pelecanus philippensis*	一级	
卷羽鹈鹕	*Pelecanus crispus*	一级	

（续表）

中文名	学名	保护级别	备注
鹰形目#	ACCIPITRIFORMES		
鹗科	Pandionidae		
鹗	*Pandion haliaetus*	二级	
鹰科	Accipitridae		
黑翅鸢	*Elanus caeruleus*	二级	
胡兀鹫	*Gypaetus barbatus*	一级	
白兀鹫	*Neophron percnopterus*	二级	
鹃头蜂鹰	*Pernis apivorus*	二级	
凤头蜂鹰	*Pernis ptilorhynchus*	二级	
褐冠鹃隼	*Aviceda jerdoni*	二级	
黑冠鹃隼	*Aviceda leuphotes*	二级	
兀鹫	*Gyps fulvus*	二级	
长嘴兀鹫	*Gyps indicus*	二级	
白背兀鹫	*Gyps bengalensis*	一级	原名"拟兀鹫"
高山兀鹫	*Gyps himalayensis*	二级	
黑兀鹫	*Sarcogyps calvus*	一级	
秃鹫	*Aegypius monachus*	一级	
蛇雕	*Spilornis cheela*	二级	
短趾雕	*Circaetus gallicus*	二级	
凤头鹰雕	*Nisaetus cirrhatus*	二级	
鹰雕	*Nisaetus nipalensis*	二级	
棕腹隼雕	*Lophotriorchis kienerii*	二级	
林雕	*Ictinaetus malaiensis*	二级	
乌雕	*Clanga clanga*	一级	
靴隼雕	*Hieraaetus pennatus*	二级	
草原雕	*Aquila nipalensis*	一级	
白肩雕	*Aquila heliaca*	一级	
金雕	*Aquila chrysaetos*	一级	
白腹隼雕	*Aquila fasciata*	二级	
凤头鹰	*Accipiter trivirgatus*	二级	
褐耳鹰	*Accipiter badius*	二级	
赤腹鹰	*Accipiter soloensis*	二级	

（续表）

中文名	学名	保护级别	备注
日本松雀鹰	*Accipiter gularis*	二级	
松雀鹰	*Accipiter virgatus*	二级	
雀鹰	*Accipiter nisus*	二级	
苍鹰	*Accipiter gentilis*	二级	
白头鹞	*Circus aeruginosus*	二级	
白腹鹞	*Circus spilonotus*	二级	
白尾鹞	*Circus cyaneus*	二级	
草原鹞	*Circus macrourus*	二级	
鹊鹞	*Circus melanoleucos*	二级	
乌灰鹞	*Circus pygargus*	二级	
黑鸢	*Milvus migrans*	二级	
栗鸢	*Haliastur indus*	二级	
白腹海雕	*Haliaeetus leucogaster*	一级	
玉带海雕	*Haliaeetus leucoryphus*	一级	
白尾海雕	*Haliaeetus albicilla*	一级	
虎头海雕	*Haliaeetus pelagicus*	一级	
渔雕	*Icthyophaga humilis*	二级	
白眼鵟鹰	*Butastur teesa*	二级	
棕翅鵟鹰	*Butastur liventer*	二级	
灰脸鵟鹰	*Butastur indicus*	二级	
毛脚鵟	*Buteo lagopus*	二级	
大鵟	*Buteo hemilasius*	二级	
普通鵟	*Buteo japonicus*	二级	
喜山鵟	*Buteo refectus*	二级	
欧亚鵟	*Buteo buteo*	二级	
棕尾鵟	*Buteo rufinus*	二级	
鸮形目#	**STRIGIFORMES**		
鸱鸮科	**Strigidae**		
黄嘴角鸮	*Otus spilocephalus*	二级	
领角鸮	*Otus lettia*	二级	
北领角鸮	*Otus semitorques*	二级	
纵纹角鸮	*Otus brucei*	二级	

（续表）

中文名	学名	保护级别	备注
西红角鸮	*Otus scops*	二级	
红角鸮	*Otus sunia*	二级	
优雅角鸮	*Otus elegans*	二级	
雪鸮	*Bubo scandiacus*	二级	
雕鸮	*Bubo bubo*	二级	
林雕鸮	*Bubo nipalensis*	二级	
毛腿雕鸮	*Bubo blakistoni*	一级	
褐渔鸮	*Ketupa zeylonensis*	二级	
黄腿渔鸮	*Ketupa flavipes*	二级	
褐林鸮	*Strix leptogrammica*	二级	
灰林鸮	*Strix aluco*	二级	
长尾林鸮	*Strix uralensis*	二级	
四川林鸮	*Strix davidi*	一级	
乌林鸮	*Strix nebulosa*	二级	
猛鸮	*Surnia ulula*	二级	
花头鸺鹠	*Glaucidium passerinum*	二级	
领鸺鹠	*Glaucidium brodiei*	二级	
斑头鸺鹠	*Glaucidium cuculoides*	二级	
纵纹腹小鸮	*Athene noctua*	二级	
横斑腹小鸮	*Athene brama*	二级	
鬼鸮	*Aegolius funereus*	二级	
鹰鸮	*Ninox scutulata*	二级	
日本鹰鸮	*Ninox japonica*	二级	
长耳鸮	*Asio otus*	二级	
短耳鸮	*Asio flammeus*	二级	
草鸮科	**Tytonidae**		
仓鸮	*Tyto alba*	二级	
草鸮	*Tyto longimembris*	二级	
栗鸮	*Phodilus badius*	二级	
咬鹃目#	**TROGONIFORMES**		
咬鹃科	**Trogonidae**		
橙胸咬鹃	*Harpactes oreskios*	二级	

（续表）

中文名	学名	保护级别	备注
红头咬鹃	*Harpactes erythrocephalus*	二级	
红腹咬鹃	*Harpactes wardi*	二级	
犀鸟目	**BUCEROTIFORMES**		
犀鸟科#	**Bucerotidae**		
白喉犀鸟	*Anorrhinus austeni*	一级	
冠斑犀鸟	*Anthracoceros albirostris*	一级	
双角犀鸟	*Buceros bicornis*	一级	
棕颈犀鸟	*Aceros nipalensis*	一级	
花冠皱盔犀鸟	*Rhyticeros undulatus*	一级	
佛法僧目	**CORACIIFORMES**		
蜂虎科	**Meropidae**		
赤须蜂虎	*Nyctyornis amictus*	二级	
蓝须蜂虎	*Nyctyornis athertoni*	二级	
绿喉蜂虎	*Merops orientalis*	二级	
蓝颊蜂虎	*Merops persicus*	二级	
栗喉蜂虎	*Merops philippinus*	二级	
彩虹蜂虎	*Merops ornatus*	二级	
蓝喉蜂虎	*Merops viridis*	二级	
栗头蜂虎	*Merops leschenaulti*	二级	原名"黑胸蜂虎"
翠鸟科	**Alcedinidae**		
鹳嘴翡翠	*Pelargopsis capensis*	二级	原名"鹳嘴翠鸟"
白胸翡翠	*Halcyon smyrnensis*	二级	
蓝耳翠鸟	*Alcedo meninting*	二级	
斑头大翠鸟	*Alcedo hercules*	二级	
啄木鸟目	**PICIFORMES**		
啄木鸟科	**Picidae**		
白翅啄木鸟	*Dendrocopos leucopterus*	二级	
三趾啄木鸟	*Picoides tridactylus*	二级	
白腹黑啄木鸟	*Dryocopus javensis*	二级	
黑啄木鸟	*Dryocopus martius*	二级	
大黄冠啄木鸟	*Chrysophlegma flavinucha*	二级	
黄冠啄木鸟	*Picus chlorolophus*	二级	

（续表）

中文名	学名	保护级别	备注
红颈绿啄木鸟	*Picus rabieri*	二级	
大灰啄木鸟	*Mulleripicus pulverulentus*	二级	
隼形目#	**FALCONIFORMES**		
隼科	**Falconidae**		
红腿小隼	*Microhierax caerulescens*	二级	
白腿小隼	*Microhierax melanoleucos*	二级	
黄爪隼	*Falco naumanni*	二级	
红隼	*Falco tinnunculus*	二级	
西红脚隼	*Falco vespertinus*	二级	
红脚隼	*Falco amurensis*	二级	
灰背隼	*Falco columbarius*	二级	
燕隼	*Falco subbuteo*	二级	
猛隼	*Falco severus*	二级	
猎隼	*Falco cherrug*	一级	
矛隼	*Falco rusticolus*	一级	
游隼	*Falco peregrinus*	二级	
鹦鹉目#	**PSITTACIFORMES**		
鹦鹉科	**Psittacidae**		
短尾鹦鹉	*Loriculus vernalis*	二级	
蓝腰鹦鹉	*Psittinus cyanurus*	二级	
亚历山大鹦鹉	*Psittacula eupatria*	二级	
红领绿鹦鹉	*Psittacula krameri*	二级	
青头鹦鹉	*Psittacula himalayana*	二级	
灰头鹦鹉	*Psittacula finschii*	二级	
花头鹦鹉	*Psittacula roseata*	二级	
大紫胸鹦鹉	*Psittacula derbiana*	二级	
绯胸鹦鹉	*Psittacula alexandri*	二级	
雀形目	**PASSERIFORMES**		
八色鸫科#	**Pittidae**		
双辫八色鸫	*Pitta phayrei*	二级	
蓝枕八色鸫	*Pitta nipalensis*	二级	
蓝背八色鸫	*Pitta soror*	二级	

（续表）

中文名	学名	保护级别	备注
栗头八色鸫	*Pitta oatesi*	二级	
蓝八色鸫	*Pitta cyanea*	二级	
绿胸八色鸫	*Pitta sordida*	二级	
仙八色鸫	*Pitta nympha*	二级	
蓝翅八色鸫	*Pitta moluccensis*	二级	
阔嘴鸟科#	**Eurylaimidae**		
长尾阔嘴鸟	*Psarisomus dalhousiae*	二级	
银胸丝冠鸟	*Serilophus lunatus*	二级	
黄鹂科	**Oriolidae**		
鹊鹂	*Oriolus mellianus*	二级	
卷尾科	**Dicruridae**		
小盘尾	*Dicrurus remifer*	二级	
大盘尾	*Dicrurus paradiseus*	二级	
鸦科	**Corvidae**		
黑头噪鸦	*Perisoreus internigrans*	一级	
蓝绿鹊	*Cissa chinensis*	二级	
黄胸绿鹊	*Cissa hypoleuca*	二级	
黑尾地鸦	*Podoces hendersoni*	二级	
白尾地鸦	*Podoces biddulphi*	二级	
山雀科	**Paridae**		
白眉山雀	*Poecile superciliosus*	二级	
红腹山雀	*Poecile davidi*	二级	
百灵科	**Alaudidae**		
歌百灵	*Mirafra javanica*	二级	
蒙古百灵	*Melanocorypha mongolica*	二级	
云雀	*Alauda arvensis*	二级	
苇莺科	**Acrocephalidae**		
细纹苇莺	*Acrocephalus sorghophilus*	二级	
鹎科	**Pycnonotidae**		
台湾鹎	*Pycnonotus taivanus*	二级	
莺鹛科	**Sylviidae**		
金胸雀鹛	*Lioparus chrysotis*	二级	

（续表）

中文名	学名	保护级别	备注
宝兴鹛雀	*Moupinia poecilotis*	二级	
中华雀鹛	*Fulvetta striaticollis*	二级	
三趾鸦雀	*Cholornis paradoxus*	二级	
白眶鸦雀	*Sinosuthora conspicillata*	二级	
暗色鸦雀	*Sinosuthora zappeyi*	二级	
灰冠鸦雀	*Sinosuthora przewalskii*	一级	
短尾鸦雀	*Neosuthora davidiana*	二级	
震旦鸦雀	*Paradoxornis heudei*	二级	
绣眼鸟科	**Zosteropidae**		
红胁绣眼鸟	*Zosterops erythropleurus*	二级	
林鹛科	**Timaliidae**		
淡喉鹩鹛	*Spelaeornis kinneari*	二级	
弄岗穗鹛	*Stachyris nonggangensis*	二级	
幽鹛科	**Pellorneidae**		
金额雀鹛	*Schoeniparus variegaticeps*	一级	
噪鹛科	**Leiothrichidae**		
大草鹛	*Babax waddelli*	二级	
棕草鹛	*Babax koslowi*	二级	
画眉	*Garrulax canorus*	二级	
海南画眉	*Garrulax owstoni*	二级	
台湾画眉	*Garrulax taewanus*	二级	
褐胸噪鹛	*Garrulax maesi*	二级	
黑额山噪鹛	*Garrulax sukatschewi*	一级	
斑背噪鹛	*Garrulax lunulatus*	二级	
白点噪鹛	*Garrulax bieti*	一级	
大噪鹛	*Garrulax maximus*	二级	
眼纹噪鹛	*Garrulax ocellatus*	二级	
黑喉噪鹛	*Garrulax chinensis*	二级	
蓝冠噪鹛	*Garrulax courtoisi*	一级	
棕噪鹛	*Garrulax berthemyi*	二级	
橙翅噪鹛	*Trochalopteron elliotii*	二级	
红翅噪鹛	*Trochalopteron formosum*	二级	

（续表）

中文名	学名	保护级别	备注
红尾噪鹛	*Trochalopteron milnei*	二级	
黑冠薮鹛	*Liocichla bugunorum*	一级	
灰胸薮鹛	*Liocichla omeiensis*	一级	
银耳相思鸟	*Leiothrix argentauris*	二级	
红嘴相思鸟	*Leiothrix lutea*	二级	
旋木雀科	**Certhiidae**		
四川旋木雀	*Certhia tianquanensis*	二级	
䴓科	**Sittidae**		
滇䴓	*Sitta yunnanensis*	二级	
巨䴓	*Sitta magna*	二级	
丽䴓	*Sitta formosa*	二级	
椋鸟科	**Sturnidae**		
鹩哥	*Gracula religiosa*	二级	
鸫科	**Turdidae**		
褐头鸫	*Turdus feae*	二级	
紫宽嘴鸫	*Cochoa purpurea*	二级	
绿宽嘴鸫	*Cochoa viridis*	二级	
鹟科	**Muscicapidae**		
棕头歌鸲	*Larvivora ruficeps*	一级	
红喉歌鸲	*Calliope calliope*	二级	
黑喉歌鸲	*Calliope obscura*	二级	
金胸歌鸲	*Calliope pectardens*	二级	
蓝喉歌鸲	*Luscinia svecica*	二级	
新疆歌鸲	*Luscinia megarhynchos*	二级	
棕腹林鸲	*Tarsiger hyperythrus*	二级	
贺兰山红尾鸲	*Phoenicurus alaschanicus*	二级	
白喉石䳭	*Saxicola insignis*	二级	
白喉林鹟	*Cyornis brunneatus*	二级	
棕腹大仙鹟	*Niltava davidi*	二级	
大仙鹟	*Niltava grandis*	二级	
岩鹨科	**Prunellidae**		
贺兰山岩鹨	*Prunella koslowi*	二级	

（续表）

中文名	学名	保护级别	备注
朱鹀科	**Urocynchramidae**		
朱鹀	*Urocynchramus pylzowi*	二级	
燕雀科	**Fringillidae**		
褐头朱雀	*Carpodacus sillemi*	二级	
藏雀	*Carpodacus roborowskii*	二级	
北朱雀	*Carpodacus roseus*	二级	
红交嘴雀	*Loxia curvirostra*	二级	
鹀科	**Emberizidae**		
蓝鹀	*Emberiza siemsseni*	二级	
栗斑腹鹀	*Emberiza jankowskii*	一级	
黄胸鹀	*Emberiza aureola*	一级	
藏鹀	*Emberiza koslowi*	二级	
爬行纲 REPTILIA			
龟鳖目	TESTUDINES		
平胸龟科#	**Platysternidae**		
*平胸龟	*Platysternon megacephalum*	二级	仅限野外种群
陆龟科#	**Testudinidae**		
缅甸陆龟	*Indotestudo elongata*	一级	
凹甲陆龟	*Manouria impressa*	一级	
四爪陆龟	*Testudo horsfieldii*	一级	
地龟科	**Geoemydidae**		
*欧氏摄龟	*Cyclemys oldhamii*	二级	
*黑颈乌龟	*Mauremys nigricans*	二级	仅限野外种群
*乌龟	*Mauremys reevesii*	二级	仅限野外种群
*花龟	*Mauremys sinensis*	二级	仅限野外种群
*黄喉拟水龟	*Mauremys mutica*	二级	仅限野外种群
*闭壳龟属所有种	*Cuora spp.*	二级	仅限野外种群
*地龟	*Geoemyda spengleri*	二级	
*眼斑水龟	*Sacalia bealei*	二级	仅限野外种群
*四眼斑水龟	*Sacalia quadriocellata*	二级	仅限野外种群
海龟科#	**Cheloniidae**		
*红海龟	*Caretta caretta*	一级	原名"蠵龟"

（续表）

中文名	学名	保护级别	备注
*绿海龟	*Chelonia mydas*	一级	
*玳瑁	*Eretmochelys imbricata*	一级	
*太平洋丽龟	*Lepidochelys olivacea*	一级	
棱皮龟科#	**Dermochelyidae**		
*棱皮龟	*Dermochelys coriacea*	一级	
鳖科	**Trionychidae**		
*鼋	*Pelochelys cantorii*	一级	
*山瑞鳖	*Palea steindachneri*	二级	仅限野外种群
*斑鳖	*Rafetus swinhoei*	一级	
有鳞目	**SQUAMATA**		
壁虎科	**Gekkonidae**		
大壁虎	*Gekko gecko*	二级	
黑疣大壁虎	*Gekko reevesii*	二级	
球趾虎科	**Sphaerodactylidae**		
伊犁沙虎	*Teratoscincus scincus*	二级	
吐鲁番沙虎	*Teratoscincus roborowskii*	二级	
睑虎科#	**Eublepharidae**		
英德睑虎	*Goniurosaurus yingdeensis*	二级	
越南睑虎	*Goniurosaurus araneus*	二级	
霸王岭睑虎	*Goniurosaurus bawanglingensis*	二级	
海南睑虎	*Goniurosaurus hainanensis*	二级	
嘉道理睑虎	*Goniurosaurus kadoorieorum*	二级	
广西睑虎	*Goniurosaurus kwangsiensis*	二级	
荔波睑虎	*Goniurosaurus liboensis*	二级	
凭祥睑虎	*Goniurosaurus luii*	二级	
蒲氏睑虎	*Goniurosaurus zhelongi*	二级	
周氏睑虎	*Goniurosaurus zhoui*	二级	
鬣蜥科	**Agamidae**		
巴塘龙蜥	*Diploderma batangense*	二级	
短尾龙蜥	*Diploderma brevicaudum*	二级	
侏龙蜥	*Diploderma drukdaypo*	二级	
滑腹龙蜥	*Diploderma laeviventre*	二级	

(续表)

中文名	学名	保护级别	备注
宜兰龙蜥	*Diploderma luei*	二级	
溪头龙蜥	*Diploderma makii*	二级	
帆背龙蜥	*Diploderma vela*	二级	
蜡皮蜥	*Leiolepis reevesii*	二级	
贵南沙蜥	*Phrynocephalus guinanensis*	二级	
大耳沙蜥	*Phrynocephalus mystaceus*	一级	
长鬣蜥	*Physignathus cocincinus*	二级	
蛇蜥科#	**Anguidae**		
细脆蛇蜥	*Ophisaurus gracilis*	二级	
海南脆蛇蜥	*Ophisaurus hainanensis*	二级	
脆蛇蜥	*Ophisaurus harti*	二级	
鳄蜥科	**Shinisauridae**		
鳄蜥	*Shinisaurus crocodilurus*	一级	
巨蜥科#	**Varanidae**		
孟加拉巨蜥	*Varanus bengalensis*	一级	
圆鼻巨蜥	*Varanus salvator*	一级	原名"巨蜥"
石龙子科	**Scincidae**		
桓仁滑蜥	*Scincella huanrenensis*	二级	
双足蜥科	**Dibamidae**		
香港双足蜥	*Dibamus bogadeki*	二级	
盲蛇科	**Typhlopidae**		
香港盲蛇	*Indotyphlops lazelli*	二级	
筒蛇科	**Cylindrophiidae**		
红尾筒蛇	*Cylindrophis ruffus*	二级	
闪鳞蛇科	**Xenopeltidae**		
闪鳞蛇	*Xenopeltis unicolor*	二级	
蚺科#	**Boidae**		
红沙蟒	*Eryx miliaris*	二级	
东方沙蟒	*Eryx tataricus*	二级	
蟒科#	**Pythonidae**		
蟒蛇	*Python bivittatus*	二级	原名"蟒"
闪皮蛇科	**Xenodermidae**		

（续表）

中文名	学名	保护级别	备注
井冈山脊蛇	*Achalinus jinggangensis*	二级	
游蛇科	**Colubridae**		
三索蛇	*Coelognathus radiatus*	二级	
团花锦蛇	*Elaphe davidi*	二级	
横斑锦蛇	*Euprepiophis perlaceus*	二级	
尖喙蛇	*Rhynchophis boulengeri*	二级	
西藏温泉蛇	*Thermophis baileyi*	一级	
香格里拉温泉蛇	*Thermophis shangrila*	一级	
四川温泉蛇	*Thermophis zhaoermii*	一级	
黑网乌梢蛇	*Zaocys carinatus*	二级	
瘰鳞蛇科	**Acrochordidae**		
*瘰鳞蛇	*Acrochordus granulatus*	二级	
眼镜蛇科	**Elapidae**		
眼镜王蛇	*Ophiophagus hannah*	二级	
*蓝灰扁尾海蛇	*Laticauda colubrina*	二级	
*扁尾海蛇	*Laticauda laticaudata*	二级	
*半环扁尾海蛇	*Laticauda semifasciata*	二级	
*龟头海蛇	*Emydocephalus ijimae*	二级	
*青环海蛇	*Hydrophis cyanocinctus*	二级	
*环纹海蛇	*Hydrophis fasciatus*	二级	
*黑头海蛇	*Hydrophis melanocephalus*	二级	
*淡灰海蛇	*Hydrophis ornatus*	二级	
*棘眦海蛇	*Hydrophis peronii*	二级	
*棘鳞海蛇	*Hydrophis stokesii*	二级	
*青灰海蛇	*Hydrophis caerulescens*	二级	
*平颏海蛇	*Hydrophis curtus*	二级	
*小头海蛇	*Hydrophis gracilis*	二级	
*长吻海蛇	*Hydrophis platurus*	二级	
*截吻海蛇	*Hydrophis jerdonii*	二级	
*海蝰	*Hydrophis viperinus*	二级	
蝰科	**Viperidae**		
泰国圆斑蝰	*Daboia siamensis*	二级	

（续表）

中文名	学名	保护级别	备注
蛇岛蝮	*Gloydius shedaoensis*	二级	
角原矛头蝮	*Protobothrops cornutus*	二级	
莽山烙铁头蛇	*Protobothrops mangshanensis*	一级	
极北蝰	*Vipera berus*	二级	
东方蝰	*Vipera renardi*	二级	
鳄目	**CROCODYLIA**		
鼍科#	**Alligatoridae**		
*扬子鳄	*Alligator sinensis*	一级	
两栖纲 AMPHIBIA			
蚓螈目	**GYMNOPHIONA**		
鱼螈科	**Ichthyophiidae**		
版纳鱼螈	*Ichthyophis bannanicus*	二级	
有尾目	**CAUDATA**		
小鲵科#	**Hynobiidae**		
*安吉小鲵	*Hynobius amjiensis*	一级	
*中国小鲵	*Hynobius chinensis*	一级	
*挂榜山小鲵	*Hynobius guabangshanensis*	一级	
*猫儿山小鲵	*Hynobius maoershanensis*	一级	
*普雄原鲵	*Protohynobius puxiongensis*	一级	
*辽宁爪鲵	*Onychodactylus zhaoermii*	一级	
*吉林爪鲵	*Onychodactylus zhangyapingi*	二级	
*新疆北鲵	*Ranodon sibiricus*	二级	
*极北鲵	*Salamandrella keyserlingii*	二级	
*巫山巴鲵	*Liua shihi*	二级	
*秦巴巴鲵	*Liua tsinpaensis*	二级	
*黄斑拟小鲵	*Pseudohynobius flavomaculatus*	二级	
*贵州拟小鲵	*Pseudohynobius guizhouensis*	二级	
*金佛拟小鲵	*Pseudohynobius jinfo*	二级	
*宽阔水拟小鲵	*Pseudohynobius kuankuoshuiensis*	二级	
*水城拟小鲵	*Pseudohynobius shuichengensis*	二级	
*弱唇褶山溪鲵	*Batrachuperus cochranae*	二级	
*无斑山溪鲵	*Batrachuperus karlschmidti*	二级	

（续表）

中文名	学名	保护级别	备注
*龙洞山溪鲵	*Batrachuperus londongensis*	二级	
*山溪鲵	*Batrachuperus pinchonii*	二级	
*西藏山溪鲵	*Batrachuperus tibetanus*	二级	
*盐源山溪鲵	*Batrachuperus yenyuanensis*	二级	
*阿里山小鲵	*Hynobius arisanensis*	二级	
*台湾小鲵	*Hynobius formosanus*	二级	
*观雾小鲵	*Hynobius fucus*	二级	
*南湖小鲵	*Hynobius glacialis*	二级	
*东北小鲵	*Hynobius leechii*	二级	
*楚南小鲵	*Hynobius sonani*	二级	
*义乌小鲵	*Hynobius yiwuensis*	二级	
隐鳃鲵科	**Cryptobranchidae**		
*大鲵	*Andrias davidianus*	二级	仅限野外种群
蝾螈科	**Salamandridae**		
*潮汕蝾螈	*Cynops orphicus*	二级	
*大凉螈	*Liangshantriton taliangensis*	二级	原名"大凉疣螈"
*贵州疣螈	*Tylototriton kweichowensis*	二级	
*川南疣螈	*Tylototriton pseudoverrucosus*	二级	
*丽色疣螈	*Tylototriton pulcherrima*	二级	
*红瘰疣螈	*Tylototriton shanjing*	二级	
*棕黑疣螈	*Tylototriton verrucosus*	二级	原名"细瘰疣螈"
*滇南疣螈	*Tylototriton yangi*	二级	
*安徽瑶螈	*Yaotriton anhuiensis*	二级	
*细痣瑶螈	*Yaotriton asperrimus*	二级	原名"细痣疣螈"
*宽脊瑶螈	*Yaotriton broadoridgus*	二级	
*大别瑶螈	*Yaotriton dabienicus*	二级	
*海南瑶螈	*Yaotriton hainanensis*	二级	
*浏阳瑶螈	*Yaotriton liuyangensis*	二级	
*莽山瑶螈	*Yaotriton lizhenchangi*	二级	
*文县瑶螈	*Yaotriton wenxianensis*	二级	
*蔡氏瑶螈	*Yaotriton ziegleri*	二级	
*镇海棘螈	*Echinotriton chinhaiensis*	一级	原名"镇海疣螈"

（续表）

中文名	学名	保护级别	备注
*琉球棘螈	*Echinotriton andersoni*	二级	
*高山棘螈	*Echinotriton maxiquadratus*	二级	
*橙脊瘰螈	*Paramesotriton aurantius*	二级	
*尾斑瘰螈	*Paramesotriton caudopunctatus*	二级	
*中国瘰螈	*Paramesotriton chinensis*	二级	
*越南瘰螈	*Paramesotriton deloustali*	二级	
*富钟瘰螈	*Paramesotriton fuzhongensis*	二级	
*广西瘰螈	*Paramesotriton guangxiensis*	二级	
*香港瘰螈	*Paramesotriton hongkongensis*	二级	
*无斑瘰螈	*Paramesotriton labiatus*	二级	
*龙里瘰螈	*Paramesotriton longliensis*	二级	
*茂兰瘰螈	*Paramesotriton maolanensis*	二级	
*七溪岭瘰螈	*Paramesotriton qixilingensis*	二级	
*武陵瘰螈	*Paramesotriton wulingensis*	二级	
*云雾瘰螈	*Paramesotriton yunwuensis*	二级	
*织金瘰螈	*Paramesotriton zhijinensis*	二级	
无尾目	**ANURA**		
角蟾科	**Megophryidae**		
抱龙角蟾	*Boulenophrys baolongensis*	二级	
凉北齿蟾	*Oreolalax liangbeiensis*	二级	
金顶齿突蟾	*Scutiger chintingensis*	二级	
九龙齿突蟾	*Scutiger jiulongensis*	二级	
木里齿突蟾	*Scutiger muliensis*	二级	
宁陕齿突蟾	*Scutiger ningshanensis*	二级	
平武齿突蟾	*Scutiger pingwuensis*	二级	
哀牢髭蟾	*Vibrissaphora ailaonica*	二级	
峨眉髭蟾	*Vibrissaphora boringii*	二级	
雷山髭蟾	*Vibrissaphora leishanensis*	二级	
原髭蟾	*Vibrissaphora promustache*	二级	
南澳岛角蟾	*Xenophrys insularis*	二级	
水城角蟾	*Xenophrys shuichengensis*	二级	
蟾蜍科	**Bufonidae**		

（续表）

中文名	学名	保护级别	备注
史氏蟾蜍	*Bufo stejnegeri*	二级	
鳞皮小蟾	*Parapelophryne scalpta*	二级	
乐东蟾蜍	*Qiongbufo ledongensis*	二级	
无棘溪蟾	*Bufo aspinius*	二级	
叉舌蛙科	**Dicroglossidae**		
*虎纹蛙	*Hoplobatrachus chinensis*	二级	仅限野外种群
*脆皮大头蛙	*Limnonectes fragilis*	二级	
*叶氏肛刺蛙	*Yerana yei*	二级	
蛙科	**Ranidae**		
*海南湍蛙	*Amolops hainanensis*	二级	
*香港湍蛙	*Amolops hongkongensis*	二级	
*小腺蛙	*Glandirana minima*	二级	
*务川臭蛙	*Odorrana wuchuanensis*	二级	
树蛙科	**Rhacophoridae**		
巫溪树蛙	*Rhacophorus hongchibaensis*	二级	
老山树蛙	*Rhacophorus laoshan*	二级	
罗默刘树蛙	*Liuixalus romeri*	二级	
洪佛树蛙	*Rhacophorus hungfuensis*	二级	
文昌鱼纲 AMPHIOXI			
文昌鱼目	**AMPHIOXIFORMES**		
文昌鱼科#	**Branchiostomatidae**		
*厦门文昌鱼	*Branchiostoma belcheri*	二级	仅限野外种群。原名"文昌鱼"。
*青岛文昌鱼	*Branchiostoma tsingdauense*	二级	仅限野外种群
圆口纲 CYCLOSTOMATA			
七鳃鳗目	**PETROMYZONTIFORMES**		
七鳃鳗科#	**Petromyzontidae**		
*日本七鳃鳗	*Lampetra japonica*	二级	
*东北七鳃鳗	*Lampetra morii*	二级	
*雷氏七鳃鳗	*Lampetra reissneri*	二级	
软骨鱼纲 CHONDRICHTHYES			
鼠鲨目	**LAMNIFORMES**		

（续表）

中文名	学名	保护级别	备注
姥鲨科	**Cetorhinidae**		
*姥鲨	*Cetorhinus maximus*	二级	
鼠鲨科	**Lamnidae**		
*噬人鲨	*Carcharodon carcharias*	二级	
须鲨目	**ORECTOLOBIFORMES**		
鲸鲨科	**Rhincodontidae**		
*鲸鲨	*Rhincodon typus*	二级	
鲼目	**MYLIOBATIFORMES**		
魟科	**Dasyatidae**		
*黄魟	*Dasyatis bennettii*	二级	仅限陆封种群
硬骨鱼纲 OSTEICHTHYES			
鲟形目#	**ACIPENSERIFORMES**		
鲟科	**Acipenseridae**		
*中华鲟	*Acipenser sinensis*	一级	
*长江鲟	*Acipenser dabryanus*	一级	原名"达氏鲟"
*鳇	*Huso dauricus*	一级	仅限野外种群
*西伯利亚鲟	*Acipenser baerii*	二级	仅限野外种群
*裸腹鲟	*Acipenser nudiventris*	二级	仅限野外种群
*小体鲟	*Acipenser ruthenus*	二级	仅限野外种群
*施氏鲟	*Acipenser schrenckii*	二级	仅限野外种群
匙吻鲟科	**Polyodontidae**		
*白鲟	*Psephurus gladius*	一级	
鳗鲡目	**ANGUILLIFORMES**		
鳗鲡科	**Anguillidae**		
*花鳗鲡	*Anguilla marmorata*	二级	
鲱形目	**CLUPEIFORMES**		
鲱科	**Clupeidae**		
*鲥	*Tenualosa reevesii*	一级	
鲤形目	**CYPRINIFORMES**		
双孔鱼科	**Gyrinocheilidae**		
*双孔鱼	*Gyrinocheilus aymonieri*	二级	仅限野外种群
裸吻鱼科	**Psilorhynchidae**		

（续表）

中文名	学名	保护级别	备注
*平鳍裸吻鱼	Psilorhynchus homaloptera	二级	
亚口鱼科	**Catostomidae**		原名"胭脂鱼科"
*胭脂鱼	Myxocyprinus asiaticus	二级	仅限野外种群
鲤科	**Cyprinidae**		
*唐鱼	Tanichthys albonubes	二级	仅限野外种群
*稀有鮈鲫	Gobiocypris rarus	二级	仅限野外种群
*鯮	Luciobrama macrocephalus	二级	
*多鳞白鱼	Anabarilius polylepis	二级	
*山白鱼	Anabarilius transmontanus	二级	
*北方铜鱼	Coreius septentrionalis	一级	
*圆口铜鱼	Coreius guichenoti	二级	仅限野外种群
*大鼻吻鮈	Rhinogobio nasutus	二级	
*长鳍吻鮈	Rhinogobio ventralis	二级	
*平鳍鳅鮀	Gobiobotia homalopteroidea	二级	
*单纹似鳡	Luciocyprinus langsoni	二级	
*金线鲃属所有种	Sinocyclocheilus spp.	二级	
*四川白甲鱼	Onychostoma angustistomata	二级	
*多鳞白甲鱼	Onychostoma macrolepis	二级	仅限野外种群
*金沙鲈鲤	Percocypris pingi	二级	仅限野外种群
*花鲈鲤	Percocypris regani	二级	仅限野外种群
*后背鲈鲤	Percocypris retrodorslis	二级	仅限野外种群
*张氏鲈鲤	Percocypris tchangi	二级	仅限野外种群
*裸腹盲鲃	Typhlobarbus nudiventris	二级	
*角鱼	Akrokolioplax bicornis	二级	
*骨唇黄河鱼	Chuanchia labiosa	二级	
*极边扁咽齿鱼	Platypharodon extremus	二级	仅限野外种群
*细鳞裂腹鱼	Schizothorax chongi	二级	仅限野外种群
*巨须裂腹鱼	Schizothorax macropogon	二级	
*重口裂腹鱼	Schizothorax davidi	二级	仅限野外种群
*拉萨裂腹鱼	Schizothorax waltoni	二级	仅限野外种群
*塔里木裂腹鱼	Schizothorax biddulphi	二级	仅限野外种群
*大理裂腹鱼	Schizothorax taliensis	二级	仅限野外种群

（续表）

中文名	学名	保护级别	备注
*扁吻鱼	Aspiorhynchus laticeps	一级	原名"新疆大头鱼"
*厚唇裸重唇鱼	Gymnodiptychus pachycheilus	二级	仅限野外种群
*斑重唇鱼	Diptychus maculatus	二级	
*尖裸鲤	Oxygymnocypris stewartii	二级	仅限野外种群
*大头鲤	Cyprinus pellegrini	二级	仅限野外种群
*小鲤	Cyprinus micristius	二级	
*抚仙鲤	Cyprinus fuxianensis	二级	
*岩原鲤	Procypris rabaudi	二级	仅限野外种群
*乌原鲤	Procypris merus	二级	
*大鳞鲢	Hypophthalmichthys harmandi	二级	
鳅科	**Cobitidae**		
*红唇薄鳅	Leptobotia rubrilabris	二级	仅限野外种群
*黄线薄鳅	Leptobotia flavolineata	二级	
*长薄鳅	Leptobotia elongata	二级	仅限野外种群
条鳅科	**Nemacheilidae**		
*无眼岭鳅	Oreonectes anophthalmus	二级	
*拟鲇高原鳅	Triplophysa siluroides	二级	仅限野外种群
*湘西盲高原鳅	Triplophysa xiangxiensis	二级	
*小头高原鳅	Triphophysa minuta	二级	
爬鳅科	**Balitoridae**		
*厚唇原吸鳅	Protomyzon pachychilus	二级	
鲇形目	**SILURIFORMES**		
鲿科	**Bagridae**		
*斑鱯	Hemibagrus guttatus	二级	仅限野外种群
鲇科	**Siluridae**		
*昆明鲇	Silurus mento	二级	
䰾科	**Pangasiidae**		
*长丝䰾	Pangasius sanitwangsei	一级	
钝头鮠科	**Amblycipitidae**		
*金氏䱀	Liobagrus kingi	二级	
鮡科	**Sisoridae**		
*长丝黑鮡	Gagata dolichonema	二级	

(续表)

中文名	学名	保护级别	备注
*青石爬鮡	*Euchiloglanis davidi*	二级	
*黑斑原鮡	*Glyptosternum maculatum*	二级	
*鱼芒	*Bagarius bagarius*	二级	
*红鱼芒	*Bagarius rutilus*	二级	
*巨鱼芒	*Bagarius yarrelli*	二级	
鲑形目	**SALMONIFORMES**		
鲑科	**Salmonidae**		
*细鳞鲑属所有种	*Brachymystax spp.*	二级	仅限野外种群
*川陕哲罗鲑	*Hucho bleekeri*	一级	
*哲罗鲑	*Hucho taimen*	二级	仅限野外种群
*石川氏哲罗鲑	*Hucho ishikawai*	二级	
*花羔红点鲑	*Salvelinus malma*	二级	仅限野外种群
*马苏大马哈鱼	*Oncorhynchus masou*	二级	
*北鲑	*Stenodus leucichthys*	二级	
*北极茴鱼	*Thymallus arcticus*	二级	仅限野外种群
*下游黑龙江茴鱼	*Thymallus tugarinae*	二级	仅限野外种群
*鸭绿江茴鱼	*Thymallus yaluensis*	二级	仅限野外种群
海龙鱼目	**SYNGNATHIFORMES**		
海龙鱼科	**Syngnathidae**		
*海马属所有种	*Hippocampus spp.*	二级	仅限野外种群
鲈形目	**PERCIFORMES**		
石首鱼科	**Sciaenidae**		
*黄唇鱼	*Bahaba taipingensis*	一级	
隆头鱼科	**Labridae**		
*波纹唇鱼	*Cheilinus undulatus*	二级	仅限野外种群
鲉形目	**SCORPAENIFORMES**		
杜父鱼科	**Cottidae**		
*松江鲈	*Trachidermus fasciatus*	二级	仅限野外种群。原名"松江鲈鱼"
半索动物门 HEMICHORDATA			
肠鳃纲 ENTEROPNEUSTA			
柱头虫目	**BALANOGLOSSIDA**		

（续表）

中文名	学名	保护级别	备注
殖翼柱头虫科	**Ptychoderidae**		
*多鳃孔舌形虫	*Glossobalanus polybranchioporus*	一级	
*三崎柱头虫	*Balanoglossus misakiensis*	二级	
*短殖舌形虫	*Glossobalanus mortenseni*	二级	
*肉质柱头虫	*Balanoglossus carnosus*	二级	
*黄殖翼柱头虫	*Ptychodera flava*	二级	
史氏柱头虫科	**Spengeliidae**		
*青岛橡头虫	*Glandiceps qingdaoensis*	二级	
玉钩虫科	**Harrimaniidae**		
*黄岛长吻虫	*Saccoglossus hwangtauensis*	一级	
节肢动物门 ARTHROPODA			
昆虫纲 INSECTA			
双尾目	**DIPLURA**		
铗虮科	**Japygidae**		
伟铗虮	*Atlasjapyx atlas*	二级	
䗛目	**PHASMATODEA**		
叶䗛科#	**Phyllidae**		
丽叶䗛	*Phyllium pulchrifolium*	二级	
中华叶䗛	*Phyllium sinensis*	二级	
泛叶䗛	*Phyllium celebicum*	二级	
翔叶䗛	*Phyllium westwoodi*	二级	
东方叶䗛	*Phyllium siccifolium*	二级	
独龙叶䗛	*Phyllium drunganum*	二级	
同叶䗛	*Phyllium parum*	二级	
滇叶䗛	*Phyllium yunnanense*	二级	
藏叶䗛	*Phyllium tibetense*	二级	
珍叶䗛	*Phyllium rarum*	二级	
蜻蜓目	**ODONATA**		
箭蜓科	**Gomphidae**		
扭尾曦春蜓	*Heliogomphus retroflexus*	二级	原名"尖板曦箭蜓"
棘角蛇纹春蜓	*Ophiogomphus spinicornis*	二级	原名"宽纹北箭蜓"
缺翅目	**ZORAPTERA**		

(续表)

中文名	学名	保护级别	备注
缺翅虫科	**Zorotypidae**		
中华缺翅虫	*Zorotypus sinensis*	二级	
墨脱缺翅虫	*Zorotypus medoensis*	二级	
蛩蠊目	**GRYLLOBLATTODAE**		
蛩蠊科	**Grylloblattidae**		
中华蛩蠊	*Galloisiana sinensis*	一级	
陈氏西蛩蠊	*Grylloblattella cheni*	一级	
脉翅目	**NEUROPTERA**		
旌蛉科	**Nemopteridae**		
中华旌蛉	*Nemopistha sinica*	二级	
鞘翅目	**COLEOPTERA**		
步甲科	**Carabidae**		
拉步甲	*Carabus lafossei*	二级	
细胸大步甲	*Carabus osawai*	二级	
巫山大步甲	*Carabus ishizukai*	二级	
库班大步甲	*Carabus kubani*	二级	
桂北大步甲	*Carabus guibeicus*	二级	
贞大步甲	*Carabus penelope*	二级	
蓝鞘大步甲	*Carabus cyaneogigas*	二级	
滇川大步甲	*Carabus yunanensis*	二级	
硕步甲	*Carabus davidi*	二级	
两栖甲科	**Amphizoidae**		
中华两栖甲	*Amphizoa sinica*	二级	
长阁甲科	**Synteliidae**		
中华长阁甲	*Syntelia sinica*	二级	
大卫长阁甲	*Syntelia davidis*	二级	
玛氏长阁甲	*Syntelia mazuri*	二级	
臂金龟科	**Euchiridae**		
戴氏棕臂金龟	*Propomacrus davidi*	二级	
玛氏棕臂金龟	*Propomacrus muramotoae*	二级	
越南臂金龟	*Cheirotonus battareli*	二级	
福氏彩臂金龟	*Cheirotonus fujiokai*	二级	

（续表）

中文名	学名	保护级别	备注
格彩臂金龟	*Cheirotonus gestroi*	二级	
台湾长臂金龟	*Cheirotonus formosanus*	二级	
阳彩臂金龟	*Cheirotonus jansoni*	二级	
印度长臂金龟	*Cheirotonus macleayii*	二级	
昭沼氏长臂金龟	*Cheirotonus terunumai*	二级	
金龟科	**Scarabaeidae**		
艾氏泽蜣螂	*Scarabaeus erichsoni*	二级	
拜氏蜣螂	*Scarabaeus babori*	二级	
悍马巨蜣螂	*Heliocopris bucephalus*	二级	
上帝巨蜣螂	*Heliocopris dominus*	二级	
迈达斯巨蜣螂	*Heliocopris midas*	二级	
犀金龟科	**Dynastidae**		
戴叉犀金龟	*Trypoxylus davidis*	二级	原名"叉犀金龟"
粗尤犀金龟	*Eupatorus hardwickii*	二级	
细角尤犀金龟	*Eupatorus gracilicornis*	二级	
胫晓扁犀金龟	*Eophileurus tetraspermexitus*	二级	
锹甲科	**Lucanidae**		
安达刀锹甲	*Dorcus antaeus*	二级	
巨叉深山锹甲	*Lucanus hermani*	二级	
鳞翅目	**LEPIDOPTERA**		
凤蝶科	**Papilionidae**		
喙凤蝶	*Teinopalpus imperialism*	二级	
金斑喙凤蝶	*Teinopalpus aureus*	一级	
裳凤蝶	*Troides helena*	二级	
金裳凤蝶	*Troides aeacus*	二级	
荧光裳凤蝶	*Troides magellanus*	二级	
鸟翼裳凤蝶	*Troides amphrysus*	二级	
珂裳凤蝶	*Troides criton*	二级	
楔纹裳凤蝶	*Troides cuneifera*	二级	
小斑裳凤蝶	*Troides haliphron*	二级	
多尾凤蝶	*Bhutanitis lidderdalii*	二级	
不丹尾凤蝶	*Bhutanitis ludlowi*	二级	

(续表）

中文名	学名	保护级别	备注
双尾凤蝶	*Bhutanitis mansfieldi*	二级	
玄裳尾凤蝶	*Bhutanitis nigrilima*	二级	
三尾凤蝶	*Bhutanitis thaidina*	二级	
玉龙尾凤蝶	*Bhutanitis yulongensisn*	二级	
丽斑尾凤蝶	*Bhutanitis pulchristriata*	二级	
锤尾凤蝶	*Losaria coon*	二级	
中华虎凤蝶	*Luehdorfia chinensis*	二级	
蛱蝶科	**Nymphalidae**		
最美紫蛱蝶	*Sasakia pulcherrima*	二级	
黑紫蛱蝶	*Sasakia funebris*	二级	
绢蝶科	**Parnassidae**		
阿波罗绢蝶	*Parnassius apollo*	二级	
君主绢蝶	*Parnassius imperator*	二级	
灰蝶科	**Lycaenidae**		
大斑霾灰蝶	*Maculinea arionides*	二级	
秀山白灰蝶	*Phengaris xiushani*	二级	
蛛形纲 ARACHNIDA			
蜘蛛目	**ARANEAE**		
捕鸟蛛科	**Theraphosidae**		
海南塞勒蛛	*Cyriopagopus hainanus*	二级	
肢口纲 MEROSTOMATA			
剑尾目	**XIPHOSURA**		
鲎科#	**Tachypleidae**		
*中国鲎	*Tachypleus tridentatus*	二级	
*圆尾蝎鲎	*Carcinoscorpius rotundicauda*	二级	
软甲纲 MALACOSTRACA			
十足目	**DECAPODA**		
龙虾科	**Palinuridae**		
*锦绣龙虾	*Panulirus ornatus*	二级	仅限野外种群
软体动物门 MOLLUSCA			
双壳纲 BIVALVIA			
珍珠贝目	**PTERIOIDA**		

(续表)

中文名	学名	保护级别	备注
珍珠贝科	**Pteriidae**		
*大珠母贝	*Pinctada maxima*	二级	仅限野外种群
帘蛤目	**VENEROIDA**		
砗磲科#	**Tridacnidae**		
*大砗磲	*Tridacna gigas*	一级	原名"库氏砗磲"
*无鳞砗磲	*Tridacna derasa*	二级	仅限野外种群
*鳞砗磲	*Tridacna squamosa*	二级	仅限野外种群
*长砗磲	*Tridacna maxima*	二级	仅限野外种群
*番红砗磲	*Tridacna crocea*	二级	仅限野外种群
*砗蚝	*Hippopus hippopus*	二级	仅限野外种群
蚌目	**UNIONIDA**		
珍珠蚌科	**Margaritanidae**		
*珠母珍珠蚌	*Margaritiana dahurica*	二级	仅限野外种群
蚌科	**Unionidae**		
*佛耳丽蚌	*Lamprotula mansuyi*	二级	
*绢丝丽蚌	*Lamprotula fibrosa*	二级	
*背瘤丽蚌	*Lamprotula leai*	二级	
*多瘤丽蚌	*Lamprotula polysticta*	二级	
*刻裂丽蚌	*Lamprotula scripta*	二级	
截蛏科	**Solecurtidae**		
*中国淡水蛏	*Novaculina chinensis*	二级	
*龙骨蛏蚌	*Solenaia carinatus*	二级	
头足纲 CEPHALOPODA			
鹦鹉螺目	**NAUTILIDA**		
鹦鹉螺科	**Nautilidae**		
*鹦鹉螺	*Nautilus pompilius*	一级	
腹足纲 GASTROPODA			
田螺科	**Viviparidae**		
*螺蛳	*Margarya melanioides*	二级	
蝾螺科	**Turbinidae**		
*夜光蝾螺	*Turbo marmoratus*	二级	
宝贝科	**Cypraeidae**		

（续表）

中文名	学名	保护级别	备注
*虎斑宝贝	*Cypraea tigris*	二级	
冠螺科	**Cassididae**		
*唐冠螺	*Cassis cornuta*	二级	原名"冠螺"
法螺科	**Charoniidae**		
*法螺	*Charonia tritonis*	二级	
刺胞动物门 CNIDARIA			
珊瑚纲 ANTHOZOA			
角珊瑚目#	**ANTIPATHARIA**		
*角珊瑚目所有种	*ANTIPATHARIA* spp.	二级	
石珊瑚目#	**SCLERACTINIA**		
*石珊瑚目所有种	*SCLERACTINIA* spp.	二级	
苍珊瑚目	**HELIOPORACEA**		
苍珊瑚科#	**Helioporidae**		
*苍珊瑚科所有种	*Helioporidae* spp.	二级	
软珊瑚目	**ALCYONACEA**		
笙珊瑚科#	**Tubiporidae**		
*笙珊瑚	*Tubipora musica*	二级	
红珊瑚科#	**Coralliidae**		
*红珊瑚科所有种	*Coralliidae* spp.	一级	
竹节柳珊瑚科	**Isididae**		
*粗糙竹节柳珊瑚	*Isis hippuris*	二级	
*细枝竹节柳珊瑚	*Isis minorbrachyblasta*	二级	
*网枝竹节柳珊瑚	*Isis reticulata*	二级	
水螅纲 HYDROZOA			
花裸螅目	**ANTHOATHECATA**		
多孔螅科#	**Milleporidae**		
*分叉多孔螅	*Millepora dichotoma*	二级	
*节块多孔螅	*Millepora exaesa*	二级	
*窝形多孔螅	*Millepora foveolata*	二级	
*错综多孔螅	*Millepora intricata*	二级	
*阔叶多孔螅	*Millepora latifolia*	二级	
*扁叶多孔螅	*Millepora platyphylla*	二级	

（续表）

中文名	学名	保护级别	备注
*娇嫩多孔螅	*Millepora tenera*	二级	
柱星螅科#	**Stylasteridae**		
*无序双孔螅	*Distichopora irregularis*	二级	
*紫色双孔螅	*Distichopora violacea*	二级	
*佳丽刺柱螅	*Errina dabneyi*	二级	
*扇形柱星螅	*Stylaster flabelliformis*	二级	
*细巧柱星螅	*Stylaster gracilis*	二级	
*佳丽柱星螅	*Stylaster pulcher*	二级	
*艳红柱星螅	*Stylaster sanguineus*	二级	
*粗糙柱星螅	*Stylaster scabiosus*	二级	
*代表水生野生动物；#代表该分类单元所有种均列入名录。			

附录5

救护常见野生动物图集

1. 林鸟

红腹锦鸡（雄） 朱兆泉/摄

红腹锦鸡（雌） 朱兆泉/摄

白冠长尾雉 魏斌/摄

白鹇 汪志如/摄

暗绿绣眼鸟 朱兆泉/摄

红胁绣眼鸟 魏斌/摄

红胁蓝尾鸲（雄） 汪志如/摄

红胁蓝尾鸲（雌） 汪志如/摄

红喉歌鸲 魏斌/摄

蓝喉歌鸲 魏斌/摄

红嘴相思鸟 朱兆泉/摄

银耳相思鸟 颜军/摄

黑喉噪鹛　徐永春/摄　　黑枕黄鹂　朱兆泉/摄　　黄喉鹀　魏斌/摄

领雀嘴鹎　魏斌/摄　　画眉　朱兆泉/摄　　噪鹃　魏斌/摄

虎斑地鸫　魏斌/摄　　紫啸鸫　魏斌/摄　　北京雨燕　魏斌/摄

勺鸡　徐永春/摄　　蒙古百灵　徐永春/摄　　戴胜　魏斌/摄

2. 水鸟

灰鹤　汪志如/摄

白枕鹤　徐永春/摄

白鹤　朱兆泉/摄

疣鼻天鹅　朱兆泉/摄

小天鹅　魏斌/摄

大天鹅　魏斌/摄

东方白鹳　汪志如/摄

黑鹳　魏斌/摄

丘鹬　魏斌/摄

金眶鸻　朱兆泉/摄

苍鹭　汪志如/摄

草鹭　魏斌/摄

紫背苇鳽　魏斌/摄

黑尾鸥　魏斌/摄

翘鼻麻鸭　魏斌/摄

青头潜鸭　魏斌/摄

赤膀鸭　朱兆泉/摄

绿翅鸭　朱兆泉/摄

鸳鸯　汪志如/摄

蓑羽鹤　赵建英/摄

丹顶鹤　赵建英/摄

3. 猛禽

红隼　朱兆泉/摄

游隼　魏斌/摄

红脚隼

乌雕　魏斌/摄

金雕　汪志如/摄

雀鹰　魏斌/摄

灰脸鵟鹰　魏斌/摄

普通鵟　魏斌/摄

白尾鹞　魏斌/摄

黑耳鸢　魏斌/摄

灰林鸮　沈延京/摄

斑头鸺鹠　魏斌/摄

长耳鸮　魏斌/摄

东方草鸮　汪志如/摄

白尾海雕　徐永春/摄

猎隼　徐永春/摄

雕鸮　徐永春/摄

纵纹腹小鸮　徐永春/摄

秃鹫　徐永春/摄

苍鹰　徐永春/摄

大鵟　徐永春/摄

4. 兽类

中华穿山甲

马来穿山甲

猕猴

食蟹猴

蜂猴　沈建华/摄

倭蜂猴　沈建华/摄

赤麂

貉　莫嘉琪/摄

猪獾　田恒玖/摄

豹猫

果子狸

狗獾

梅花鹿　周江涛/摄

黑熊　陈磊/摄

黄鼬　徐永春/摄

狼　周柏盛/摄

野猪

刺猬　徐永春/摄

赤狐　徐永春/摄

狍子　徐永春/摄

食蟹獴　农正权/摄

5. 两栖爬行类

鳄蜥　张小宁/摄

绿鬣蜥

大鲵　覃琨/摄

虎纹蛙

扬子鳄　李木生/摄

暹罗鳄　李木生/摄

缅甸蟒

红尾蚺　卢远宁/摄

赤链蛇

眼镜蛇　卢远宁/摄

短尾蝮

豹纹陆龟

亚达伯拉陆龟　　　　　苏卡达陆龟　　　　　　缅甸陆龟

红腿陆龟　卢远宁/摄　　黄腿陆龟　卢远宁/摄　　三线闭壳龟

凹甲陆龟　　　　　　　辐射陆龟　卢远宁/摄　　平胸龟　覃琨/摄

参考文献

[1] 尹峰,张志明,雷永松,等. 野生动物救护技术手册[M]. 北京:中国农业出版社,2014.

[2] 嘉道理农场暨植物园. 动物康复操作指引(中文第二版)[M]. 国际野生生物保护学会,译. 2010.

[3] 黄恭情. 野生动物移地保护技术[M]. 北京:中国林业出版社,2012.

[4] 北京猛禽救护中心. 猛禽救护中心操作指南[M]. 北京:中国林业出版社,2012.

[5] 张恩权,李晓阳. 图解动物园设计[M]. 北京:中国建筑工业出版社,2014.

[6] 何宏轩. 野生动物疫病学概论[M]. 北京:科学出版社,2014.

[7] 贾幼陵. 动物福利概论(第二版)[M]. 北京:中国农业出版社,2017.

[8] 郑光美. 中国鸟类分类与分布名录(第三版)[M]. 北京:科学出版社,2017.

[9] 北京市园林绿化局. 北京鸟类图谱[M]. 北京:中国林业出版社,2021.

[10] 北京动物园. 北京动物园饲养技工培训教材[M]. 北京:北京动物园,1994.

[11] 郭冬生,张正旺. 中国鸟类生态大图鉴[M]. 重庆:重庆大学出版社,2015.

[12] 段文科,张正旺. 中国鸟类图志[M]. 北京:中国林业出版社,2017.

[13] 国家林业局野生动植物保护司,国家林业局野生动物疫源疫病监测总站. 陆生野生动物疫源疫病监测[M]. 沈阳:辽宁科学技术出版社,2013.

[14] 刘凌云,郑光美. 普通动物学(第三版)[M]. 北京:高等教育出版社,1997.

［15］吴诗宝，马广智，廖庆祥，等．中国穿山甲保护生物学研究［M］．北京：中国林业出版社，2005．

［16］张玉霞．鳄蜥生物学［M］．桂林：广西师范大学出版社，2002

［17］王振兴，武正军，蔡凤金，等．鳄蜥人工饲养技术［J］．广东林业科技，2010，26（5）．

［18］于海，黄乘明，武正军，等．鳄蜥生活习性的观察［J］．四川动物，2006（2）．

［19］Erica A. Miller. Minimum Standards For Wildlife Rehabilitation.（Third Edition）［M］. NWRA&IWRC，2000.

［20］Lina Z, Kai W, Fuyu A, et al. Fatal canine parvovirus type 2a and 2c infections in wild Chinese pangolins（Manis pentadactyla）in southern China［J/OL］. Transbound Emerg Dis. 2022 Sep 7. doi: 10. 1111/tbed. 14703. Epub ahead of print. PMID:36070349.

［21］Qiu X, Whiting MJ, Du W, et al. Colour Variation in the Crocodile Lizard（Shinisaurus crocodilurus）and Its Relationship to Individual Quality［J/OL］. Biology（Basel）. 2022 Sep 4;11（9）:1314. doi: 10. 3390/biology11091314. PMID: 36138793; PMCID: PMC9495974.

［22］Xiong Y, Wu Q, Qin X, et al. Identification of Pseudomonas aeruginosa From the Skin Ulcer Disease of Crocodile Lizards（Shinisaurus crocodilurus）and Probiotics as the Control Measure［J/OL］. Front Vet Sci. 2022 Apr 21;9:850684.doi: 10.3389/fvets. 2022. 850684.PMID: 35529836; PMCID: PMC9069141.

［23］Jiang H, Zhang X, Li L, et al. Identification of Austwickia chelonae as cause of cutaneous granuloma in endangered crocodile lizards using metataxonomics. PeerJ. 2019 Mar 13;7:e6574. doi:10. 7717/peerj. 6574.PMID: 30886772; PMCID: PMC6420803.

［24］Huang H, Wang H, Li L, et al. Genetic diversity and population demography of the Chinese crocodile lizard（Shinisaurus crocodilurus）in China［J/OL］. PLoS One. 2014 Mar 11; 9（3）: e91570. doi:10. 1371/journal. pone. 0091570. PMID:24618917;PMCID: PMC3950216.